目錄

引言　海洋，我們的未來

21 世紀是誰的世紀？美國的？中國的？還是印度的？

1990 年，當人們還熱衷於在陸地上為這個問題尋找答案時，第 45 屆聯合國大會已經做出決議，大會敦促各國將海洋開發列入國家發展策略之中。2001 年聯合國締約國文件中更是指明 —— 21 世紀是海洋世紀！開發海洋資源，在大洋上拓展生存，將是全人類的重要目標。

陸地上的資源主要掌握在主權國家手裡，並且分布極不均衡。一些重要資源位於熱門地區，受戰爭威脅較大。而公海及其底部的資源不受任何國家管轄，且總量遠高於陸地，至少在一個世紀內，無須擔心發生資源衝突。

「向海則興，背海則衰」，海洋開發甚至能改變資源版圖。現在一提到日本，大家都認為是個資源小國。其實，日本只是陸地資源貧乏。由《聯合國海洋法公約》(*United Nations Convention on the Law of the Sea*) 確認的日本領海比領土還大。一旦日本的技術水準能夠開發上述資源，會立刻翻身成為資源大國。

如果你現在還是一名國高中學生，如果海洋經濟以高速度發展下去，你會在 40 ～ 50 歲之間，看到海洋經濟成為高科技與高資本的結合地。

第一章　向海而生

　　打開世界地圖你會發現，雖然古老文明都發源於內陸，但今天大部分世界級都市都在海邊，或者透過河流與海洋相連。城市越靠海越富裕，已經成為普遍現象。

　　人類花了幾千年時間使文明緩慢的向海岸線延伸，我們正處在這個偉大歷史進程之中。這個趨海而居的過程從何而來，又會發展到何方？

▌海邊的文明

有研究顯示，現代人的祖先誕生於東非草原，那裡是一個典型的內陸地帶。7.5 萬年前，乾旱驅使他們走出非洲。在這個過程中，由於海洋食物來源相對豐富，古人類很早就學著到海邊覓食。

古人類要走出非洲，紅海是咽喉要道，考古學家在這裡找到了大量古人類食用過的貝類的化石。相對於移動迅速的陸地野獸，貝類更容易被捕捉。位於北京的山頂洞人遺址中有魚骨化石，那裡距海邊有上百千公尺遠。

海邊地勢平坦，移動方便，也是吸引古人類的重要原因。1.5 萬年前，海平面比現在約低 120 公尺。古人類沿著當時的各處地峽遷移到日本、澳洲、南太平洋諸島以及臺灣。後來由於海水上漲，這些地方才與大陸分隔開。

在古人類進入美洲的過程中，海洋也發揮了重要作用。最近考古成果顯示，他們沿著海岸線越過白令海峽，當時那裡還連成一片。

古時候，海運規模還無法與內河運輸相比。文明古國都誕生於內陸的河邊，內河運輸是人們進行陸上擴張的重要保障。

地中海以其特殊條件孕育出最早的海洋文明。論面積，地中海還沒有南海大，但由於是陸間海，氣候條件類似於中國的渤海，多數時間風平浪靜，適於航行。

以當時的船舶技術，人類還只能沿著海岸線行駛。不過，地中海沿岸農業區星羅棋布，便有人在它們之間穿針引線，靠海洋貿易起家。4,000 年前，相當於今天黎巴嫩和敘利亞的地方出現了腓尼基文明，成為人類最早的海洋文明。

　　腓尼基人主要透過海洋向外擴張，為此，他們就要發展造船技術，還要掌握簡單的天文導航知識。這些促進了整個地中海地區航海技術的提升。橫穿愛琴海，連接幾個經濟中心，當時只需要兩三天時間，而從陸上繞道則要久得多。

　　於是，在地中海這個局部區域，海運獲得了對陸運的絕對優勢，大家也願意為此發展船舶技術。最終，愛琴海周邊出現了希臘文明，成為現代歐洲文明的基石。

　　希臘土地普遍不宜農耕，只出產橄欖、無花果等經濟作物。相對於內陸農業區，希臘人更需要海運貿易。船員在海上每天移動的路程，遠遠大於陸地上的農夫。經常與他鄉異土打交道，讓希臘人養成了放眼天下的胸懷。同時，進行海運需要有系統的了解天文地理、各方物產等，還需要強大的數學計算能力，這些實際需求促使希臘人發展出領先世界的科學技術。

　　必須指出的是，希臘文明在今天之所以有著重要的歷史地位，很大程度在於整個歐洲人都是他們在文化上的後裔，而歐洲人又於近代控制了全球，順便將其文化祖先的事蹟廣泛傳播出去。

其實，無論人口還是經濟總量，兩千年前這些沿海國家都無法與同時代的陸上帝國相比，只不過除了希波戰爭（西元前 5 世紀上半葉希臘諸城邦反抗被波斯侵略和壓迫的戰爭），雙方很少發生直接碰撞。

「通舟楫、興漁鹽」

戰國七雄誰最富？

這個問題不要與「誰的國力最強」相混淆。以綜合實力而論，秦、楚兩國肯定最強。但即使在戰國時代，人們也普遍認為最富的要數齊國，也就是今天的膠東半島 —— 中國最早的海洋文明地區。

早在 4,000 年前，山東沿海就有人煮鹽。周朝開國後，當地成為姜子牙的封地，國號為齊，疆域不大，土地開發程度有限。於是，齊國很早就提出「通商工之業，便魚鹽之利」的主張，這和希臘異曲同工。

齊國有發達的漁業和鹽業，也很早就實施了關於「煮鹽」和「捕魚」的制度，以刺激和調節這些行業。

齊國船隻可以遠達朝鮮和日本，從而將當地的絲綢和陶瓷遠銷海外。齊景公有一次出海，六個月才回來，船隻的續航補給能力堪稱驚人。齊桓公時期，齊國就開闢了「東方海上絲綢之路」。齊國還訓練水軍，重視海戰，形成了不同於中原的戰爭思想。

由於體量不足，齊國無法與秦國較量，選擇不戰而降。但就國人平均財富而言，齊國卻是戰國七雄中的首富。

　　三國時期的吳國成為海洋事業的「繼承人」。吳國很難在陸地上與魏國抗衡，便尋求往海上發展。東吳在鼎盛時期有 50 多艘各類船隻，時人稱東吳「舟楫為輿馬」，與同時期的羅馬艦隊相比，恐怕也不相上下。

　　東吳將中國的航海中心從山東半島轉移到浙江、福建和廣東。依靠發達的航海技術，他們組織過幾次萬人出海遠征。臺灣就是在這時首次進入中原文明版圖的。西元 248 年，3 萬吳軍進入海南島，他們還試圖遠征呂宋島，可惜未成功。朱應和康泰的船隊則從海路到達如今柬埔寨等處。

　　據宋朝《太平御覽》記載，東吳時期已經有人駕船到達「大秦」，也就是羅馬。這是首次有中國人從海路抵達羅馬的記載。

　　不久，東晉成為東吳的海上「繼承人」。他們同樣難以從陸地上向北方擴張，而選擇發展海洋經濟。東晉高僧法顯從長安出發，經西域從陸地到達天竺，求法後再經印度洋從海路回國。這顯示著在當時的印度洋上，已經有通達東晉的傳統航線。

　　東晉時期，人們第一次將「水密隔艙」形成定制，發展出安全性能更好的船隻。東晉時期還發明了擁有四張帆的船，可以根據風向調整帆面，稱為「調風」。當時，作為導

航技術的「過洋牽星術」也已經成熟。除了航海，東晉還大力發展海鹽，浙江省海鹽縣就是在東晉時期成為鹽業中心的。

單從技術上衡量，齊國、吳國和東晉的航海技術並不亞於地中海那些小國。然而，地中海沿岸都比較富裕，航海貿易有利可圖。而從齊國到東晉，海軍所到之處往往是原始蠻荒之地，不但無利可圖，反而需要國內補給。

以規模來衡量，中國當時的陸地部分無論經濟體量還是軍事體量，都遠超海洋部分。這些越海擴展的事業之所以很少見於經傳，就在於海洋只是中國古代文明的附屬品。

最早的海洋大國

小時候讀《水滸傳》，筆者特別好奇混江龍李俊的下落。這位梁山水軍總司令看穿朝廷陰謀，帶著童威、童猛和費保揚帆出海，居然在南洋成為國王。

當時筆者好奇的是，怎麼他們幾個人出海後就能稱王稱霸？那些地方難道沒有軍隊？後來筆者才知道，以宋朝的海上實力，一批人組團下南洋，確實能獲得這種結果。

在中國人眼裡，最早的海洋帝國不是英國就是西班牙。然而西方不少學者認為，宋朝才當得起這個稱號。歷史上東西方文明真正開始有直接溝通，是依靠宋朝的海洋貿易。

雖然在秦朝大一統之前齊國就重視海洋，中原分裂時吳

國也有海洋經濟，但是在大一統王朝中，宋朝第一個倚重海洋經濟。「一帶一路」中的「一路」，即「海上絲綢之路」，主要是宋代的文明遺產。

與明清兩代進行「朝貢外交」不同，宋朝真正把海外貿易當成國家支柱。當時，宋朝為海外商人提供了以泉州、廣州為代表的很多貿易港口，甚至向外國商人委以官職，請他們到海外招商。

透過收取市舶稅，政府獲得大量收入。比例最高的南宋時期，市舶稅占國家總收入的五分之一！按海洋經濟的概念換算，今天的中國還遠未達到這個比例。

當時的宋朝就是「世界工廠」，尤其瓷器製造技術，相當於今天的晶片技術，完全具有壟斷性。沿海地區很多瓷器工廠，如福建德化窯、建窯和浙江龍泉窯，當年都大量接受海外訂單，燒製異國圖案的瓷器，再透過海船出境。在「南海一號」等遺物中，發現有大量的海外訂製瓷器，這是典型的海洋經濟模式。

當時，阿拉伯和印度商人經過印度洋來到宋朝，除了貿易，他們還留下了海圖以及沿途各地水文資料。明朝初期，鄭和下西洋所依據的航海資料基本來自宋朝的累積。中國造船技術累積到宋朝，本身已經很發達了，宋人又從阿拉伯人那裡學到了「龍骨」技術，最終才有鄭和船隊的輝煌。

「李俊稱王」當然是藝術虛構，但是在歷史上，華人在南

洋確實建立過國家。西元 1777 年，以華人為主體在西加里曼丹建立的「蘭芳大統制」（華僑羅芳伯所建立的一個生產和自衛組織，西方人稱之為「蘭芳共和國」），最大時管轄範圍達十幾萬平方公里，接近如今遼寧省的面積，並且在歷史上延續了 108 年。這是傳統社會末期，中國海洋實力的真實寫照。

在《水滸傳》的各種同人小說裡，《水滸後傳》公認成就最高，它描寫了李俊等人海外稱王的經歷。這本書出版於明末清初，不僅記錄著宋代的海洋實力，也和更晚成書的《鏡花緣》一起，抒發了中華民族拓展海洋的夢想。這個夢想長期被陸地文化所掩蓋，但它從來都存在，未來還將蔚然成風。

大航海時代

西羅馬帝國滅亡後，歐洲陷入「黑暗中世紀」長達近千年，全境分裂成幾百個小國，互相征伐，生產力遭到極大破壞。

積貧積弱的歐洲人努力學習其他先進技術，特別是航海與造船技術，比如中國的指南針和阿拉伯的三角帆。透過消化吸收，他們形成領先的遠洋航行能力。依靠這些技術和冒險精神，歐洲人開啟了大航海時代。在人類歷史上，首次有國家依靠海洋改變了命運。

大航海時代開始於歐洲的邊緣國家西班牙和葡萄牙，與吳國和東晉相似，兩國在陸地上也很難擴張，只能從海上謀求改變。葡萄牙的恩里克王子（Infante D. Henrique）不斷向南航行，探索非洲腹地。他還設置專門的航海學校，把航海從一種粗淺的經驗性活動，變成一門系統的學問。

　　西班牙則派出義大利人哥倫布（Columbus）向西航行，最終發現了美洲大陸。西元 1510 年，歐洲人翻越中美洲，抵達太平洋岸邊，麥哲倫（Magellan）更於 9 年後開始環球探險。於是，歐洲人最早形成了全球視野。如今「四洋七洲」的全球劃分，都是他們在那個時代留下的。

　　接著，荷蘭人、英國人和法國人開始深耕細作，他們控制北美洲，發現澳洲和紐西蘭，最終於西元 1839 年抵達南極大陸。另外一些歐洲人則調頭向北，探索北極圈，發現了新地島。到了明末清初，歐洲傳教士進獻給中國皇帝的世界地圖上，已經繪製出 90% 的陸地與海洋。

　　雖然人類早在 10,000 年前就透過陸路散布到全球，但那是經歷無數代人的累積，每代人都生活在一片狹小的地方，並沒有全球視野。只有透過航海，才能在一代人之內掌握地球表面的概況。麥哲倫船隊用兩年半的時間完成全球航行，如果走當時的陸路，恐怕畢生都不能完成。

　　離開相對安全的海岸線，進入深海大洋，在當時接近於被判了死刑緩期執行。大航海時代早期，人類還不能測量經

度，包括哥倫布在內，航海者經常不知道自己漂到了哪裡。當時，食物保存能力低下，缺乏補給，吃不到生鮮食品，敗血症在遠洋船上流行。大洋上又缺醫少藥，很多普通疾病都能帶來死亡。

當時的水手進入大洋，經常在一次航程中產生百分之幾的死亡率。幾次有重大地理發現的航行，船員的死亡率均達到百分之幾十，麥哲倫船隊更有超過 90％的船員魂歸大海。「巴倫支海」、「白令海峽」等地名，都是用來紀念在當地遇難的探險家的。

單純看規模，這些航海都不能與「鄭和下西洋」相比，但是後者並不能歸入大航海時代。因為鄭和是依靠海圖，將已知地區作為航海目標，而大航海時代的本質是去探索未知領域、繪製新海圖，所以它還有另外一個名字，叫做地理大發現。

大航海時代最大的貢獻就是正確的地球觀。西方人最早了解地球概況，明確了今後拓展的目標。當時，任何陸上帝國都沒有這種視野。

當年的航海者並非科學家，地理發現服從於土地占領。也正是從大航海時代開始，海上帝國逐漸征服了陸上帝國，左右了人類的命運。

海權威武

地理大發現徹底改變了世界格局，海權壓倒陸權，成為世界霸權的基礎。然而這是後話，並非大航海運動的初衷。

翻開《魯賓遜漂流記》（*Robinson Crusoe*）等這些描寫大航海時代的小說就會發現，主角的出海動機不是開闢殖民地，而是去東方做生意。當年，他們把中國、印度和日本這些東方國家看成是黃金寶地，如何從中亞伊斯蘭勢力阻礙下找到新航線，與東方通航，才是他們的目標。哥倫布就是這樣歪打正著發現了新大陸，甚至在他去世前，都堅稱自己到的是印度。

直到 18 世紀，世界上最強大的帝國是清朝、印度蒙兀兒帝國和鄂圖曼帝國。它們都是由游牧部落創立，然後透過陸上擴張，最終擁有幾百上千萬平方公里土地以及過億人口。西方人雖然能航海，但只能對付技術水準更差的印第安人、非洲人或者東南亞人。

這種格局完全決定於船舶技術本身。人類雖然很早就會造船，但數千年間只能沿著海岸線航行，不敢進入深海大洋，這使得航海技術成為陸地經濟的附屬品。奠定西方文明的地中海，總面積還不如南海，只能算是巨型內湖。

早期船隻的運載量也不足。在漫長的中世紀，海洋貿易以香料和瓷器這些奢侈品為主，賺錢是賺錢，但運載量非常小。如果要開疆拓土，就需要運載大量的軍火和糧食。直到

18 世紀，海運在大宗商品方面仍無法與陸運相比。

當然，陸上帝國並非不重視船舶，但他們以運河為主。透過開挖運河，連接國土上不同的經濟圈。

海權最終壓倒陸權，發生在工業革命之後。以著名的東印度公司為例，無論荷蘭版本還是英國版本，最初都是名副其實的商業公司。來到東方，只能向當地王朝租港口，老老實實交稅。這些上億人口的王朝，如果被激怒，可以輕鬆的把他們趕下海。

等到西元 1857 年印度民族大起義時，英國從本土運兵，只用一年時間就完成鎮壓。更早發生的鴉片戰爭，則是歷史上海洋帝國首次擊敗陸上帝國。不到兩年的時間，英軍憑藉風帆和蒸汽機兼備的混合動力艦，在中國海岸線到處攻擊，而清軍只能在陸上緩慢移動，被動挨打。

中國人曾經花 2,000 多年時間修築長城，以絕邊患。從西元 1840 年開始，中國所有有威脅的入侵都來自海洋。抗日戰爭時期的淞滬會戰，日軍更是憑藉在杭州灣登陸扭轉了戰局。直到那時，日本這個已開發國家憑藉海上運輸能力壓倒了中國。19 世紀末、20 世紀初，美國人馬漢（Mahan）明確提出海權理論，象徵著海權的最終確立。

進入 20 世紀，兩次世界大戰都由在海上占優勢的一方獲勝，尤其是美國，憑藉強大的海軍和海上物資運輸能力，將數百萬美軍派往國外，為第二次世界大戰的勝利提供了保障。

第二次世界大戰後，即使是俄國這種傳統陸上強權，都建立起龐大的海軍，海權意識已經深入人心。這些經驗教訓都促使中國由陸向海，重塑發展方向。

趨海大移動

人類在東非草原上誕生，在小亞細亞學會刀耕火種，在幾條大河邊開啟四大文明古國。它們有個共同特徵，就是不在海邊。

然而，自從西班牙崛起後，海權逐漸取代陸權，各國住在海邊的人率先受到影響，形成更高的生產率。由於經濟吸引力，先是企業，後是一般人口，陸續從內陸遷移到海邊，這個規律叫做趨海移動，是過去幾百年人口遷移的主線。

西元 1840 年以後，中國也開始了強烈的趨海移動，上海和香港發展為世界大都市。1978 年以後，中國在沿海地區先後成立了 5 個經濟特區、4 個沿海經濟開發區和 14 個沿海開放城市。後來，大大小小的沿海城市相繼宣布自己的經濟區。內陸人口獲得遷移的可能後，形成「孔雀東南飛」的現象，紛紛走向海邊。幾十年下來，出現了以深圳為代表的大批海濱新都市，沿海省分人口增加率幾乎是全國平均水準的兩倍。

如今，世界經濟已經以濱海區域為核心，核心區域人口總量也超過了內陸，只不過由於技術發展出現瓶頸，這個趨

海移動暫時到海岸線為止。

　　人類之所以發生趨海移動，前提是海洋資源更豐富。隨著技術水準的提高，海洋資源的利用也更容易。以中國為例，西北地方約占中國陸地總面積的三分之一，卻只能供養1億人口，人口總量大致與廣東省相當，論平均每人所得，無法與沿海地區相比。

　　即使從生態角度講，內地人口向海邊遷移，也會減少對環境的壓力，很多植被稀少、物產貧瘠的內陸地區將成為自然保護區。

　　人不是海洋生物，必須靠技術才能利用海洋資源。所以，趨海移動的主要動力是技術進步。現在，由於某些技術瓶頸，人類趨海移動停止在海岸線上。越來越多的內陸人擁到海邊，但資源跟不上，反而造成不少問題。最突出的就是在東京、上海、香港等這些特大城市，由於人口高度集中，導致區域內居民實際生活水準下降。

　　據2019年的中國春運統計，沿海客運量幾十年間第一次下降，顯示了趨海移動在某種程度上暫緩。

　　然而，人類之所以停止在海岸線上，主要是因為技術升級緩慢，導致海洋上缺乏新的經濟成長點。隨著技術的突破，人類可能會更深的嵌入海洋，甚至會有相當多的人生活在海洋上，從科學研究到工業，從經濟到生活，最終出現大型海洋社會。71％的地球表面承載著未來人類的發展。跨越

海岸線，深入藍色地球，在太空時代開啟前，先進入海洋時代，這是今後幾代人的使命。

也曾跨洲越洋

　　中國近代史上曾經有三次著名的人口大遷移，其中「闖關東」和「走西口」是從陸地到陸地，「下南洋」則要跨越海岸線，把自己投入到驚濤駭浪中，很可能一去不復返。也正是「下南洋」這次人口遷移，創造了華人的海外社會。

　　「下南洋」始於宋代，成於現代，其間經歷了技術水準從領先到落後的衰退過程。最初，南洋諸島還處於原始社會末期，西方尚未染指，中原王朝對其擁有絕對的技術優勢。當時「下南洋」多為經商和出官差。

　　世人都知鄭和下西洋，其實最早由明朝派出的官差叫黃森屏。他在朱元璋時期率領船隊到南洋展示國威，於加里曼丹島遇到海難。黃森屏乾脆自行建國，又吞併了附近的渤泥國。後來，他以渤泥國國王身分朝見朱棣，接受冊封。這個渤泥國就是今天的汶萊。

　　鄭和下西洋時，南洋還處於部落時代，記載中的「國家」只是部落聯盟。下西洋的船隊中很多人留下來定居，與當地人通婚，形成「峇峇—娘惹」文化圈。新加坡製作的電視劇《小娘惹》就向觀眾展示了這種獨特的海洋文化。

　　「下南洋」初期，中國人和歐洲人在南洋諸島的勢力不相

上下，還建立過幾個政治實體，實力最強的是蘭芳大統制。可惜在明清兩代，「下南洋」被視為「自棄王化」，受到中原王朝的鄙視，更談不上鼎力相助了。

　　進入 19 世紀，歐洲憑藉工業革命優勢，徹底控制南洋諸島，「下南洋」的主體成了應募的華工。當然，從宋代就開始「下南洋」的商人族群雖然人數少，但掌握著經濟資源，依靠勤勞和智慧，華人在這些海島上成為經濟主體。

　　到了清末，南洋相對中國本土已經是富裕地區，大陸沿海居民更是加快了「下南洋」的步伐。孫中山要推翻封建王朝，也以南洋華人為經濟後援。中國改革開放後，來自南洋的華人資本成為中國經濟騰飛的重要支柱。

　　1990 年代末，《富比士》（Forbes）發表的全球富豪榜中華人較少，而且當時中國大陸市場經濟剛起步，本土富豪無人入圍，上榜者都在東南亞，並且無一例外都是當地首富。遠到南太平洋島國，華人也掌握著當地經濟，只不過這些國家體量極小，缺乏關注。

　　1980 年，第二代華人陳仲民當選巴布亞紐幾內亞總理，開創了華人在南洋諸島從政的歷史。巴布亞紐幾內亞是太平洋區域第二大國，其文明是典型的海島文明。陳仲民在任上推動與中國建交，並多次以總理身分訪華。

　　「下南洋」是華人在大航海時代的主動參與，證明了華人從未缺席這個宏大的歷史進程，只是由於陸地文化占絕對優

勢，它沒有在史書上獲得應有的位置。

幾百年來，憑藉勤勞、勇敢等傳統美德，華人在海洋裡創建了廣闊天地。今後，我們還會借助逐步提升的科技水準，在大洋深處開創更宏偉的事業。

陸地經濟的困境

日本經濟泡沫破裂發生在 1989 年年底，當時，這一事件給中國人帶來的震動是今天年輕讀者難以想像的。那時候日本經濟蒸蒸日上，人口不到美國的一半，經濟卻達到美國的 70%。東京的地價超過了美國全國地價的總和。

當時，一般人剛開始購買冰箱、彩色電視和洗衣機。日本電器橫掃中國市場，成為中國人追逐的對象。那時沒人會料到日本經濟會就此崩潰，並長達 30 年毫無起色。

同樣，2008 年也沒人能預料到美國的經濟會崩潰。雖然股市很快恢復，但是後遺症卻持續至今。美國靠不斷減稅、放債來維持現金鏈，因為其經濟體量比日本大得多，勉強撐到了現在，美國國內各種危機也累積到接近爆發的程度。

當年的美國和日本分列全球經濟前兩位，它們的教訓值得所有國家借鑑，這就是陸地資源逐漸承擔不起經濟高速發展引擎的作用。

日本國土狹窄，土地資源本來就不足，早年出海掠奪是現代化過程的重要步驟，但是由於技術限制，海洋只被用來

運輸貨物和士兵等。直到 1960 年代，日本才開始發展綜合海洋經濟，至經濟泡沫破裂時，海洋不足以支撐日本新的經濟擴張。

美國平均每人土地資源幾乎全球無雙。西元 1862 年，美國頒布宅地法，一個美國人交 10 美元登記費，就能從西部領 160 英畝（1 英畝約為 4,000 平方公尺）土地，折合將近 1,000 畝（1 畝約為 667 平方公尺）土地！便宜的土地極大的降低了美國的建設成本。即使這樣的陸地優勢，到 21 世紀初，美國仍然在房地產上發生危機。

一片荒地開墾成農田，才開始有價值。一片農田轉化成工業用地，價值能提升 10 倍。一片廠房如果改建成商業街，價值又可以提升 10 倍，如果再改造成金融街，價格還可以提升 10 倍。土地價值的一系列提升是經濟發展的縮影，其背後是人類開發陸地資源的水準在提升。採礦、冶金、製造、交通等技術都在發展，而它們都以固定不變的土地資源為基礎。幾百年下來什麼都在變，但土地還是那些土地。

從 1960 年代開始，人們就在討論「資源危機」。仔細一看，大家基本都在討論陸地上的資源危機。直到今天，很多危機並沒有在陸地上找到解決的辦法，只好透過減稅和發錢來刺激經濟。多發錢並不是問題，只要實業同步發展，就能消化掉這些錢。然而，今天人類的技術體系高度依賴陸地，無論能源、材料還是能開發的土地，都已經很難支持經濟像

過去兩個世紀那樣發展。

怎麼辦？有人提出要進入「低欲望社會」，國民別有太高的物質追求，社會減少對經濟發展的預期，大家就停留在目前水準上。有人甚至建議倒退到 1990 年代的水準，如此一來，我們還要降低生活水準才行。

不過，本書會給你另外的選擇 —— 從擁擠的陸地進入寬闊的海洋。無論能源、食物還是空間，海洋都比陸地要強得多。

科學走向海洋

2004 年 12 月 26 日，印度洋突然咆哮起來，高達 10 餘公尺的海浪衝擊沿岸各國，造成 22.6 萬人死亡。這並不是在科技不甚發達的中世紀，而是早就能實現登月的今天。

無獨有偶，2011 年 3 月 11 日，強烈的深海地震引發大海嘯，衝擊了日本東部，死亡和失蹤人口合計超過 2 萬。處於世界科技第一陣營的日本，也沒能提前對此做出反應。

這兩起海嘯都源於深海地震，它們雖是極端案例，但提示我們如果不了解超過地球表面三分之二的海底，就遠不能了解整個地球。

「沒有海洋地質，便沒有地質學。」這是一位荷蘭學者的名言。地學是六大基礎學科之一，然而長期以來人們關注更多的是地球的陸地部分，其只揭示了地球的一小部分。今天

人們了解的海洋知識，也多來自國高中地理課，而不是海理課，也就是海洋科學課程。

科學家由陸地向海洋逐漸擴展研究範圍，在潛移默化中形成了「以陸觀海」的偏見。比如，現在四大洋的劃分就是典型的陸地觀點，它們的南端一直劃到南極大陸。然而，海洋學家在長期研究中發現，如果按照海流情況來劃分，圍繞南極大陸的海域和太平洋、印度洋、大西洋的主體明顯不同。

於是，國際水文地理組織在 2000 年將它確定為一個獨立大洋，名叫「南冰洋」。然而，世界地圖至今尚未對此做出修改。

顯而易見，探索海底地質的難度遠大於陸地勘探。派船出海，特別是去大洋深處，是件開銷很大的事。世界各國普遍不缺地質學家，然而要組團出海考察，就只有大國才能辦到。

如果想認識整個地球，占地表七成的海底當然要比只占三成的陸地重要。以板塊運動為例，這個假說剛提出時，一直找不到源頭在哪裡，是什麼讓不同板塊互相擠撞，或者互相遠離？直到後來，人們才在大洋中央海嶺處找到答案，深部熔岩從這裡湧出來，形成各大板塊中最「年輕」的部分，把「較老」部分朝陸地方向推擠。海裡生因，陸上結果，可以說，沒有深海勘察的結果，板塊運動就一直是個假說。

再以「聖嬰」和「反聖嬰」現象為例，它們會擾動全球氣象，導致嚴重災難，以至於經常在新聞裡出現，連普通人都知道這兩個名字。然而，科學家一直搞不清「聖嬰」和「反聖嬰」現象的原因。現在有種假說認為，深海海流將太平洋中央海嶺噴發的熱量帶到南美洲的西海岸，並湧出海面，進而影響大氣。由於海嶺噴發量時多時少，洋流帶出的熱量也經常變化，進而導致大氣劇烈變化。而要檢驗這個假說，就必須往中央海嶺處派大量的深潛器進行實地考察。

總之，為了讀懂整個地球，人類必須研究海洋！

從航運載體到資源寶庫

今天提到海灣國家，人們第一反應就是石油多，而倒退到 100 年前，當地最重要的產品卻是珍珠。採珠人手握尖刀潛入海底，剖開珠母貝採集珍珠，很多人因此患上了眼疾。

雖然到 19 世紀末人類已經確認了海權的重要性，但主要還是將海洋作為航道。強國透過大洋航線運兵、運糧、運原料，最終服務於陸地經濟。當時除了打魚和晒鹽，人類很少再從海裡獲得什麼。

西元 1760 年代，第一次工業革命在四面環海的英國爆發，並且最早出現在紡織業，對燒鹼、純鹼和氯產生了強大需求。海鹽中能提取這些產品，於是海鹽除了作為食用產品，也成為化工原料。到了西元 1830 年代，歐洲人開始從

海水裡提取溴用於醫藥，進一步促進了海洋化工的發展。近代中國也重複過這段歷史。民國時期，范旭東便以海鹽為原料，建立起中國首個科學研究生產機構。

原始人一邊打魚，一邊走向全球，海洋生物是人類最早獲得的海洋資源。第一次工業革命後，已開發國家把漁船用機器武裝起來，將漁業延伸到深海，捕鯨業便曾經紅極一時。

今天，中國已經後來居上，成為全球頭號漁業大國，不僅生產了全球最多的海產品，還提供了 1,800 萬個就業職位。作為靠海吃海的國家，中國在海洋開發上還有自己的特長，那就是海水養殖。早在宋代，中國人就開始養殖牡蠣和珍珠，後來則是海帶和對蝦等經濟品種。現在，中國已經是全球頭號海水養殖國家。

西元 1897 年，美國人在加州海岸用木頭建成全球第一座海上鑽井平臺，拉開海洋油氣開發的序幕。1967 年 6 月，渤海灣裡出現了中國第一口海上油井。筆者年輕時騎車經過當地，總會看到一排排吐著火焰的井架。如今，渤海灣裡不時還有發現新油田的報導。

1961 年，法國人在朗斯河口建成世界上第一座潮汐發電廠。從此，人們不僅從海洋裡提取物質資源，還開發海洋能源。1980 年 5 月，中國第一臺潮汐發電廠在浙江省溫嶺市江廈港併網發電。

1991 年，丹麥建成世界上第一座海上風電場，大海成為綠色能源的新陣地，風機成為世界各國海岸線的一道風景。到了 2019 年，中國成為全球第一大海上風電國家。

1959 年，美國科學家梅羅（Mero）發表了第一篇深海錳結核商業開發的可行性報告。從那以後，全球成立了上百家錳結核開發企業，不過都只能進行實驗性開採。中國福建馬尾造船廠建造的世界首艘深海採礦船「鸚鵡螺新紀元號」，已於 2018 年出塢。

隨著工業入海，人員也會入海。趨海移動會伴隨海洋資源開發重新加快步伐。衝破海岸線，向海洋伸出觸角，這是 21 世紀人類的重要任務。

文藝新天地

1980 年，一部美國科幻劇在中國播放，名叫《大西洋底來的人》（*Man From Atlantis*）。當時，電視機剛進入中國一般家庭，還沒有達到一家一臺，筆者要和玩伴擠在鄰居家看這部電視劇。後來筆者發現，不少同齡人都有類似的經歷，甚至有過幾十個人擠在禮堂裡，像看電影般從 12 吋螢幕上看這部美劇。

《大西洋底來的人》拍攝於 1977 年，在美國並不出名。由於收視率不高，只拍了第一季 17 集。然而這部劇在中國卻引發萬人空巷的效果。在電視劇的影響下，年輕人喜歡戴主

角的太陽眼鏡，孩子們喜歡玩飛盤遊戲，或者模仿主角特殊的「海豚式泳姿」。由於極受歡迎，《大西洋底來的人》被反覆播放，還出現了翻譯的小說以及中國國內創作的漫畫，發行量達幾十萬冊。

那是一次海洋文化的洗禮。很多孩子都是在這部劇中才知道世界上有個大西洋。雖然是科幻片，但是劇中的海洋研究院以及深潛器「探索號」，都屬於現實題材。劇中海的未知、神祕、博大和凶險，讓觀眾身臨其境。

西方文明源自古希臘，以《奧德賽》（*Odyssey*）為例，西方對海洋的描寫很早就浸透到文藝作品當中。《馬可·波羅遊記》（*Marco Polo and His Travels*）開啟了歐洲大航海時代，而這個時候又催生出很多關於海洋的故事，從現實版的《魯賓遜漂流記》到幻想版的《格列佛遊記》（*Gulliver's Travels*），不一而足。

工業革命時期，歐美文學更是湧現出不少海洋題材名著，有反應捕鯨業的《白鯨記》（*Moby-Dick*）、海明威的《老人與海》（*The Old Man and the Sea*）、英文版的《金銀島》（*Treasure Island*）、法文版的《海上勞工》（*Les Travailleurs de la mer*）和《冰島漁夫》（*An Iceland Fisherman*）、小說《海狼》（*The Sea Wolf*），也有著名的詩歌《海燕》（*The Song of the Stormy Petrel*）。《鐵達尼號》（*Titanic*）更是有好幾個版本的電影。

進入 21 世紀，《神鬼奇航》（*Pirates of the Caribbean*）系列電影無疑成為海洋文化的代表作。剝開它的奇幻外衣，你會發現這個系列繼承了大航海時代的冒險精神和自由精神。海盜們不分國籍和民族，在海上通力合作，對抗陸地強權。電影甚至以歷史素材為範本，虛構出《海盜法典》，以突出海洋社會有別於陸地的特點。

　　毋庸諱言，海洋在西方文化界更受重視，能進入一流文學經典之中，而在中國還不能。中國古詩詞有萬千首，卻很少有人詠海頌洋。有人指出，這可能是由於中國古代文人多居住在渤海和黃海，這兩處海域泥沙含量高，看上去一片褐黃，無法像湛藍的地中海那樣令人詩興大發。

　　今天，海洋文學在中國最多算是沿海地區的地方文化。什麼時候海洋小說能夠拿下茅盾文學獎，海洋電影能像《鐵達尼號》那樣創造票房紀錄，海洋才算真正浸入中華文化之骨髓。

　　展望世界，海洋無論是作為文藝創作的對象，還是旅遊觀光的目標，其價值都在上升。當人類徹底突破海岸線的約束，大踏步投入海洋懷抱以後，海洋文藝還會突飛猛進。

第二章　能源寶庫

　　對於貧窮，人們都有直覺感受，能源專家卻有著更深刻的抽象的理解。他們認為，文明程度取決於平均每人能源占有量。19世紀末，歐洲平均每人能源消耗量是亞洲的 11 倍，北美更是亞洲的 30 倍！中國當時積貧積弱，從能源程度上便可見一斑。

　　即使在今天，中國仍然未能在這個指標上進入世界前列。然而傳統能源正在走向枯竭，從哪裡尋找新能源，進一步提升文明水準？很多人把目光投向了海洋。

▌海洋石油

「石油」這個詞來自宋朝沈括的《夢溪筆談》,當時陸地上很多石油蘊藏在淺表處,有的甚至摻雜在泉水裡。

19 世紀後半葉,對石油進行工業化開採後,這些淺表處的石油資源率先被開發。隨著技術提升,人類又在陸地上鑽較深的礦井。如今,中國陸地油井已經打到 8,588 公尺,相當於聖母峰的高度。隨著陸地石油逐漸枯竭,人們很早就把視線轉向海洋。

全球海洋石油主要產區號稱「三灣兩海兩湖」。「三灣」就是中東地區的波斯灣、美洲的墨西哥灣、非洲的幾內亞灣。「兩海」是歐洲的北海和亞洲的南海。「兩湖」一指歐洲和亞洲交界處的裡海,雖然其名字裡有海,但它其實是個內陸湖;另外就是南美洲委內瑞拉的馬拉凱博湖。這兩處雖然不是海洋,但與海洋石油一樣要使用水下開採技術。

現在,全球海洋石油探明儲量約 380 億噸,700 多座海上鑽井平臺分布各處,創造了石油總產量的三分之一。有 100 多個國家正在開採海洋石油,其中 50 多個國家具備深海油氣開採能力。在一些地方,深海石油占比越來越高。在墨西哥灣地區和南美洲的巴西,深海石油產量已經超過淺海石油。

在深海裡開採石油,從勘探到開採再到運輸,都比淺海難度大,表現著一個國家油氣開採技術水準。如今,國際上已經有能開採超過 3,000 公尺深石油的船隊,開採能力可涵

蓋所有大陸架和大陸坡。

今天的讀者可能想像不到，當年中國曾經大量出口石油來賺取寶貴的外匯。直到 1993 年，中國才成為石油進口國。現在，雖然也有大慶油田這類高產區，但是中國石油資源只占全球的 3.6%，天然氣只占全球的 2.7%。2011 年，中國已經超越美國，成為全球最大的油氣消費國和進口國。

所以，海洋石油是中國的重要經濟命脈。在近海，中國已經探明了 10 億噸級的儲量，300 公尺以內的深度都具備開採能力。1990 年以後，中國石油產量中的增量部分，有 60% 來自海洋石油。

2021 年，中國生產海洋石油 5.73 億桶，達到歷史最高水準。即使如此，在中國整體石油儲量中，海洋石油也只占12%，低於世界平均水準。在油氣開採方面，進一步邁向海洋是中國的必然選擇。

國際上將中國東海稱為第二個中東，中國南海稱為第二個波斯灣，這兩處都是極有潛力的海洋石油出產地。不過，這些地方都是深海油氣資源，勘探與開採的難度更大。

儘管中國周邊海域油氣資源豐富，但是作為世界上最大石油消費國，還是要將眼光投向全球。透過投資、併購和參股，中國正在獲得更多全球海洋石油占比，典型的有投資南美洲蓋亞那超深水油田、收購加拿大尼克森公司等。

▎可燃冰

如果說海洋油氣是馬上能到手的能源，那麼可燃冰就是預計會到手的能源。

可燃冰的學名叫天然氣水合物，因為看上去很像冰，所以有了這種通俗叫法。正常條件下，天然氣並不與水化合，但是在高壓低溫的環境下，兩者會發生反應。地球上哪裡會有這種自然環境？一處是凍土，另一處就是深海。不過，陸地上凍土中的可燃冰只占整體儲量的 1%，海洋才是開採可燃冰的主戰場。

人們早在 19 世紀就從實驗室裡製造出天然氣水合物，對它的性質也已經有成熟的研究。不過，天然的可燃冰資源一直處在研究和勘探階段。如果按照含碳量計算，可燃冰能達到煤、石油和傳統天然氣總和的兩倍，是地球上最大的化石能源。另一種計算結果則顯示，可燃冰可以供人類以現在能源的消耗水準使用 1,000 年。

當然，人類不會停留在今天的能源消耗水準上，未來肯定還要升級換代。可燃冰的價值就是在能源消耗升級之前，保障現有工業不因傳統化石能源的枯竭而受到影響。

然而，由於可燃冰主要儲存在深海，人們一直沒有成功進行商業化開採。可燃冰形成於高壓和低溫環境，開採時需要使用降壓法或者熱激法，把天然氣從可燃冰裡分解出來，再提升到地面。

降壓法能量消耗低，工藝相對簡單，適合大面積開採，但是天然氣的分解速度會越來越慢。熱激法可以迅速產氣，但是只能局部加熱，開採面積受到限制。現在，人們正在根據不同環境條件，綜合利用這兩種技術。

　　還有一種辦法，就是用二氧化碳置換可燃冰裡面的甲烷。這在技術上是可行的，還順便封存了二氧化碳，減少了溫室效應，可謂一舉兩得。不過，雖然二氧化碳是主要的工業廢氣，但分離它的成本卻並不低，這種置換法暫時還缺乏商業應用前景。

　　開採可燃冰還要考慮環境因素。甲烷帶來的溫室效應是二氧化碳的 10 倍。把它作為燃料燒掉當然沒問題，但如果直接洩漏到大氣裡，就是新的汙染物。目前的天然氣開採技術可以防止甲烷洩漏，但如果開採可燃冰，能否阻止甲烷洩漏，現在還沒有把握。

　　將海床深處的可燃冰變成甲烷和水，它就從固體變成了氣體和液體，這會導致海底軟化，進而導致滑坡。由於存在這種情況，因此可燃冰不能在海洋工程附近開採。廣東珠江口外就發現了大面積的可燃冰，因為周圍存在著不少海洋工程，就對開採造成了約束。由於技術受限，目前可燃冰開採還處於實驗階段，世界各國都沒有商業性的可燃冰開採項目。

　　在這個領域，中國處於世界領先位置。中國科學院廣州

能源研究所研發出了世界首套可燃冰開採系統。2020 年，中國在南海進行了可燃冰的試採，創造了世界紀錄。中國很有可能在 2030 年前，成為第一個商業開採可燃冰的國家。

海水作燃料

用海水作燃料？這當然不是「水變油」的騙局，而是從海水中製取氫，再用氫作燃料。

自從富爾頓（Fulton）發明輪船後，先是煤炭，後是重油，輪船始終是化石能源的消費大戶，也是汙染大戶，每年排放 9 億多噸二氧化碳，約占全球碳排放的 3%。而氫燃燒後只生成水，汙染為零。氫動力現在已經在陸地上蓬勃發展，把它移植到輪船上不就行了？

2009 年，德國 ATG 公司研發出全球首艘氫動力船，它可以載客 100 人，下水後在德國漢堡從事內河運輸。由於氫動力電池的續航能力有限，這艘船不能跑遠途海上運輸。2017 年，比利時 CMB 公司製造出雙動力輪船，主要使用柴油，以氫為輔助動力。由於體量小，該船也只能用於短途通勤。另外，這兩艘實驗船的氫燃料來自陸上工廠，離透過海水直接製取氫還差得遠。

2017 年 7 月，日本豐田公司研發的全球首艘自主氫動力船開始環球航行實驗。它配備太陽能和風能發電設備，用這些電力從海水中製取氫氣。整個航行期間，這艘船不從陸地

輸入燃料。不過，這些實驗船隻體量很小，離大體量的客貨運輸船還差得遠。

氫燃料用於航運的前景很好，但還有很多技術難點要克服。首先，靠電離技術從海水中製取氫，這些氫在使用時又用來發電，這麼一來一往，如何保證輸出大於輸入就成了問題。其次，以氫為動力需要重新建造一套動力系統。目前，以氫為動力的引擎的功效還遠遠比不上燃油或燃氣引擎。日本豐田公司的實驗船雖然環保，但是航速只有 7 節，比帆船都慢。要想讓氫動力船有競爭力，無論速度還是體量，都還有很長的路要走。

海水有腐蝕性，電離海水製取氫時會腐蝕陽極。所以，大部分氫動力實驗船隻能依靠陸上工廠用淡水製備氫氣。豐田公司的方案也是先淡化海水，再用來電解，過程複雜，不實用。不過，史丹佛大學的研究人員發明了負電荷塗層，可以排斥氯化物，把它們塗在陽極上，既不妨礙導電，又可減緩海水對陽極的腐蝕。

其實技術能否突破，關鍵在於需求。靠海水自持的氫動力電池，軍事方面會有極大需求，它可以減少艦船靠港次數，提高巡航能力。「遼寧艦」出海一次，需要加 8,000 噸燃油！如果艦船都使用海水提取的氫作為燃料，就可以留出更多載重量用於增加武器設備，還可以長期巡航。特別是無人潛艇，依靠這種技術，幾乎可以無限期的在海裡航行。

　　一旦大型船隻都使用海水作燃料時，整個海運體系將會因之變化。港口那些龐大的儲油罐會消失，船上會有更多的空間用於載人或裝載貨物。

▌海上風電

　　受日照影響，白天陸地溫度的上升速度快於海洋，風會從較冷的海面吹向陸地。晚上，陸地降溫的速度又快於海洋，風就從陸地吹向大海。如此便形成了非常穩定的週期性海陸風，並且通常風力不低，這也是一種強大的可再生能源。而利用這種能源的最佳方式，就是興建大型海濱風電場。

　　相對於內陸風，海陸風的變化十分規律，發電效率比內陸風高。在海面上建風電場完全不占土地，不會因為土地矛盾而耽誤工期。而且風機體形龐大，在公路上運輸往往會造成沿途交通擁堵，但將它放到巨型海洋工程船上，運輸就不是問題了。

　　內陸風電場要放在風力資源豐富的地方，比如甘肅酒泉或者內蒙古呼倫貝爾草原，甚至是一些山谷地區。這些地方通常不是經濟中心，甚至其周圍都沒有人煙，發出來的電需要透過電網才能輸送到城市和工廠。而由於長期的趨海移動，濱海城市集中了大量的人口和工業，也集中了用電需求。在這些城市的近海建設電場，可節省大量輸電成本。

基於這些優點，海上風電的發展速度快於陸地風電。目前，全球海上風電裝機總容量已經達到 50 吉瓦，到 2050 年還會增加 10 倍。中國已經在全球新增海上風電裝機容量中占據主導地位，2021 年全球新增海上風電裝機容量達 21.1 吉瓦，其中 80% 來自中國。

　　海洋風電優點不少，但因為要扎根海底，並且要防腐蝕，成本很高。目前，海洋風電的製造和安裝成本仍是陸地風電的兩倍，未來海洋風電的技術發展方向除了降低成本，就是讓風機小型化。

　　現在一提到風電，人們就會想到龐大的葉輪，一片葉輪能有波音飛機的機翼那麼長。可能很多年後，人們會認為這只是一種「古典風機」，小型發電樹會取代大型風機，成為風電的主流。

　　2015 年，法國工程師拉里維耶爾（Larivière）研製出發電樹，學名叫小型風力渦輪機。它可以接受四面八方的風，葉輪由天然纖維製成，非常輕盈，只要有能吹動風向標的微風，就能讓其發電，而且效率是傳統風機的兩倍以上。這種發電樹的體量還非常小，拉里維耶爾製造的原型機有 7 公尺高，未來還會縮小到能放在住宅的陽臺上發電。它不像風機那樣，由形狀固定的葉輪採集風能，而是使用了很多小葉片，人們可以根據建築條件將發電樹改造成各種形狀。

　　由於小巧而靈敏，發電樹僅需要城市裡拂面的微風就能

工作，放到海邊更能派上用場。妨礙發電樹普及的不是技術本身，而是電網。自從愛迪生（Edison）在競爭中失敗，放棄直流電以後，人們已經習慣使用交流電。即使是風力發電，也要先把電送入電網，再透過變壓器傳入各家各戶。

而無論是大型風機還是小型發電樹，都是分散式發電，本質上類似於家用柴油發電機。那些孤懸海外的小海島，可能更需要這種發電方式。當海上科學研究站和工廠普遍建成後，直流輸電在這些地方會占據優勢，發電樹也能被普遍利用。

▍太陽的饋贈

石油可以看到，海風可以感受。但大海裡還有一種看不見、摸不著的能源，需靠科學知識指明它的存在，那就是溫差能。

19 世紀，海洋學家已經能測量出深海的水溫，知道深海水溫與海洋表面溫度相差很大。西元 1881 年，法國物理學家達松瓦爾（d'Arsonval）提出，可以使用某種沸點很低的介質，在海洋表面將其汽化，驅動發電機發電，再把乏汽輸送到海洋深處冷凝，重新變為液體，這樣形成循環，就能利用上下層海水的溫差來發電。理論上講，這種能量來自太陽。正是由於它晒熱表層海水，才與深層海水形成了溫差。所以，溫差能算是一份太陽的饋贈。不過，海水吸收的太陽

能，其中約有一半導致海水蒸發，這部分能量散失在大氣裡，另一半才會被海水儲存。具體來說，是儲存在海面以下200公尺內的水層中。深層海水溫度都很低，到了幾公里深處，如果附近沒有海底火山或者熱液，海水只有攝氏幾度。但是海域所處的緯度越高，表層海水越冷，上下層海水溫差也就越小。所以，溫差發電要在赤道兩側附近的海洋裡才有經濟價值。

進入 20 世紀，達松瓦爾的學生在古巴建立起第一個溫差發電實驗系統，證明了它的可行性。古巴位於北緯 25° 以南，恰好是溫差發電的有利區域。

然而，由於石油供應很豐富，沒有投資商願意投資這種低效率的能源系統。直到 1970 年代第一次石油危機出現，已開發國家尋找各種替代能源，溫差發電才又被著手進行。1979 年，美國在夏威夷海邊一艘舊駁船上，建立起世界上首座溫差發電廠。如今，日本和中國都建起溫差發電實驗發電廠。

海水越深，上下層溫差越大，發電效果越好。所以，溫差發電廠最好建在深海。這也導致溫差發電和其他海洋發電方式面臨同樣的難題，就是把發電系統固定在什麼地方。目前，溫差發電系統只能放在實驗船上，規模顯然很受限制。管道系統則是溫差發電特有的難題，管道越粗，輸送的介質越多，發電能力越強大。然而在海洋裡豎起上千公尺長的粗管道，這是其

他海洋工程沒遇到過的挑戰。石油鑽井管道也是豎直的，但其直徑遠不能與溫差發電管道相比。人類在海洋裡建有粗大的輸油管，但它們都躺在海底，而不是豎在海水裡。

另外，在深海處發出的電很難輸送回陸地。這也是導致溫差發電規模不大的主要原因。目前，溫差發電系統所發的電主要供深海研究設施使用。以中國三沙市為例，當地離海南島最南端的三亞市約 340 公里，不可能從海南島拉電網過去。現在，當地靠柴油發電，而柴油則需要從海南島運過去。如果能在附近建造溫差發電廠，就能解決供電問題。

溫差能越靠近赤道，越有開發價值。然而打開世界地圖就會發現，赤道附近恰恰缺乏大型工業設施或者高密度的人類聚居區，甚至沒有多少已開發國家。所以，溫差發電的前景取決於人類是否大規模進軍海洋。

月球的禮物

如果說溫差能是太陽的饋贈，潮汐基本可以算是月球的禮物。雖然太陽和月球共同吸引著地表的海水，但是太陽大而遠，月球小而近，兩相比較後，月球引潮力是太陽的 2.25 倍。

自從工程師掌握了發電的基本原理，就開始打潮汐的主意。因為它是一種很有規律的機械運動，無論漲和落都可以帶動發電機發電，這種能源稱為潮汐能，著名的錢塘江大

潮，就是潮汐能的表現。1912 年，德國人便建成了小小的實驗型潮汐發電廠。1968 年，法國人在朗斯河入海口建成潮汐發電廠，此後一直是這個行業的標竿。朗斯河口本身水流湍急，潮汐發電廠使用雙向發電方式，漲潮時水從外海進入內河，落潮時反過來，來來去去都在推動水輪機發電。如果在潮水緩的地方建潮汐發電廠，就需要借鑑陸地水力發電廠的運作方式，先建水庫，形成水面高度差，利用高度差來發電。

還有一種簡易的潮汐發電方式，叫做潮汐渦輪發電，直接把改造後的水輪機放在潮流中發電，省去基礎設施。不過這只適用於自產自用、規模較小的分散式發電。加拿大聖約翰市外的芬迪灣建有世界首座潮汐渦輪發電廠，只能供應500 戶家庭用電。

雖然潮汐到處都有，但適合建發電廠的地方並不多，必須有狹窄的海灣或者河口，才能形成很高的潮差。這個地方還要接近電網，便於輸送電力。入海的河流通常是水運要道，建潮汐發電廠還不能影響航運。在這些條件的約束下，中國沿海共發現了 191 處適合建潮汐發電廠的地方。浙江省雖然面積不大，但由於地形優勢，占據中國沿海潮汐能儲量的41.9%。雖然中國有很多地方可建潮汐發電廠，但目前只建成 10 來座，還有很大的發展空間。以裝機容量來計算，中國浙江省的江廈潮汐發電廠世界排名第三、亞洲排名第一。

潮汐現象遍布所有海域，但以海邊最為明顯。由於水

淺，海水沖到這裡會形成大浪。那些經常有驚濤拍岸的地方，能源密度很高，甚至比太陽能和風能的密度還高。潮汐發電廠也因此都建在海邊，由於更接近用電單位，與其他海水發電形式相比更具備市場優勢。所以，潮汐發電廠很早就進入實用階段，而其他海水發電方式都還在實驗中。內陸建設水力發電廠，一般都要徵地、移民，而適合建設潮汐發電廠的地方往往是荒地，這也讓潮汐發電減少一層成本。

就目前情況來看，潮汐發電還不是主流發電形式，但在全球向清潔能源轉型的大趨勢下，潮汐發電有很大的潛力。

洋流發電

依靠著奔騰的長江水，三峽水力發電廠從建成以來，蟬聯世界水力發電量的冠軍。然而江水與洋流相比，就小巫見大巫了。世界上最大的洋流是墨西哥灣暖流，水流量相當於全球所有河流流量總和的 80 倍！注意，是所有陸地河流！即使排在第二位的太平洋黑潮，最大流量也是長江入海口處的 2,000 多倍！

如此宏大的水流，攜帶著龐大的動能循環不息，如果用來發電，未來豈不會有海上三峽？當然，早就有很多人在打這個主意。可是理論很豐滿，現實較骨感，洋流發電還一直停留在實驗階段。

水力發電廠的發電機一般都固定在整體結構裡面，但洋

流都位於遠海，發電機要如何固定？如果不固定，它就會隨波逐流，根本不能發電，這是洋流發電的頭號難題。1973年，美國一位教授提出了一個方案，在海面下30公尺處敷設固定管道，直徑達170公尺，內裝發電機組，讓海流帶動發電。

這樣龐大的發電機組，尺度已經和三峽水力發電廠的水輪機差不多了，難以實施。美國人後來開發出駁船式洋流發電廠，就是在一艘船的兩邊裝上水輪，和早期的明輪船形狀類似，只不過不靠明輪驅動，而是停在那裡，讓水輪在海流推動下帶動發電。

武漢理工大學能源動力學院另闢蹊徑，把洋流發電與風電機捆綁在一起，如今沿海已經建有很多風電場，有些洋流也會途經這些地方，該團隊設計出雙轉子發電機，可以同時使用風力和洋流驅動發電。

臺灣處於西太平洋黑潮影響下，當地中山大學陳陽益教授帶領的黑潮發電研究計畫已經通過測試，這個實驗發電廠繫泊在900公尺深的海底，透過低轉速洋流能渦輪機，將洋流能變成電能。

黑潮也流經日本，當地新能源研究團隊在鹿兒島外海做了類似實驗。他們將渦輪機沉入水下幾十公尺，並獲得了持續的電流。

金門大橋是美國舊金山的一景，我們經常會在美國電影

裡看到它的身影。當地管理委員會曾經計畫利用橋下的水流帶動發電機，向周圍 750 戶家庭供電。這個專案價值 220 萬美元，屬於機動靈活的發電方式。

重慶宇冠數控科技有限公司還開發出一種數控洋流發電機，每臺只有 15 千瓦，輸出功率和最小的柴油發電機差不多。在每秒兩公尺的水流下，這種發電機可以為數十人提供生活用電。但如果在大洋裡敷設 5,000 臺這樣的發電機，就能支持一座小城市的用電。而且它不消耗燃料，不產生雜訊，清潔、環保。

與洋流本身的規模相比，這些洋流發電實驗非常不起眼，似乎浪費了洋流的能量。其實，阻礙洋流發電規模提升的原因更在於應用，只有把這種發電廠設在深海大洋，發電規模才能擴大。如此一來，就要建設複雜的海洋輸電系統，遠不如把發電廠建在城市附近經濟。

未來能釋放洋流發電潛力的途徑只有一個，就是洋流發電廠不再為陸地供電，而是為海上浮城供電。

驚濤駭浪都是電

然而，上述所有能源，都不是海洋中最大的能源。海洋中到處都有波浪，是典型的機械運動，由此產生的波浪能，占全部海洋能量的 94％！

早在 19 世紀就有人打起波浪發電的主意。現在，人們

已經設計出各種波力發電裝置，其中一種叫做振盪水柱式波力發電裝置。它像是打氣筒，下面與海水相通，上面與空氣相通。波浪進入裝置時，空氣室裡的空氣被壓縮，波浪下降時空氣又膨脹，一來一往都能驅動發電機。這種發電方式可以利用波浪上下振動的能量。另外一種設計叫擺式波力發電裝置，它的主要部件是「擺板」，其在波浪衝擊中擺動，從而帶動發電裝置發電。由於波浪方向不斷變化，擺式波力發電裝置隨時調整位置，以對準波浪來襲的方向。還有一種設計叫波面筏裝置，專門收集淺水中的波浪能。它像一隻漂在水面上的筏，內置有面板，能隨著波浪運動。筏與面板連接處有液壓結構，在波浪推動下不斷伸縮，轉化成電能。有時候波面筏也會被設計成浮筒，以適應不同的水面。這些裝置利用的發電原理都是電磁感應原理，讓轉子切割磁感線來發電，和傳統的水力發電、火力發電沒有區別。

另有一種完全不依靠電磁感應的壓電材料，可能更適合波浪發電。某些晶體受到壓力時，會在兩個端面間出現電壓，形成微弱電流，這就叫壓電效應。西元 1880 年，科學家就從石英晶體裡發現了壓電效應。現在已經發現了若干種壓電材料，但是它們產生的電流都很微弱，所以壓電材料目前不用於發電，而是用在感測器上，將微弱的壓力變化用電流反映出來。隨著材料技術的發展，新的壓電材料已經有很高的能量密度，可以經濟的把壓力轉化成電力。在陸地上，已

經有人把壓電材料放在公路下面，把往來汽車的壓力轉化成電力。壓電材料更合適於寬闊的洋面，用波浪造成的壓力來發電。這樣的波力發電機不需要複雜機械傳動結構，重量大大減輕。

各種設想和方案研究了一個世紀，2018 年世界首座波浪能發電場終於在英國康沃爾郡投產；2020 年，中國首臺 500千瓦級波浪能發電裝置也在珠海大萬山島啟用，象徵著中國進入波浪能開發的前列。

推廣波力發電還有一個問題，就是如何輸電。和小型洋流發電一樣，波力發電也是分散式發電，如集中輸入電網，再分散到各家各戶，整個過程損耗很大。所以，波力發電更適合為燈塔這類海洋工程或者海島地區供電。

聰明的海水發電術

理論上講，任何機械運動都可以轉化成電力，所以地球表面並不缺乏能源。只是到目前為止能源技術還很粗放，轉化不了自然界那些細微的、雜亂的機械運動，比如紛亂的水流。所以，能源技術的一個新的發展方向就是「智慧能源」，力圖把各種新技術融合到發電領域，利用以前難以利用的微小能源和零散能源。水伏發電就屬於這一種。

自然環境中的水被太陽照射，每時每刻都在蒸發。每蒸發 1 克水就要吸收 2.26 千焦的能量。全年加起來，地球表

面的水在自然蒸發中消耗的能量，相當於人類消耗能源的上千倍！這種無聲無息的能量以前根本無法使用，但是現在有種奈米碳管材料，透過與水作用，可以轉化水蒸氣攜帶的能源。幾平方公分的實驗材料所發的電，已經可以打開液晶顯示器了。這種新興發電方式被稱為水伏發電。和光伏發電一樣，水伏發電也要依靠材料的特殊性能，但不需要做基礎建設，把材料在水面上鋪開就能產生電能。理論上講，江河湖海都能做水伏發電，但是陸地水面不適合大規模涵蓋，而海洋卻可以。幾平方公里水伏發電材料就相當於一個中型發電廠。目前，由於奈米碳管材料十分昂貴，水伏發電還沒有投入實驗。但是奈米碳管的單價正在不斷下降，等到其能進入尋常百姓家時，我們就可以見到大洋上的水伏發電廠了。

除了水蒸氣，水滴也可以用來發「聰明電」。西元 1867 年，英國科學家克耳文（Kelvin）就研製出「滴水起電機」，讓水在滴落過程中透過靜電感應作用形成電壓差。由於發出的電能十分微小，滴水起電機只是一種用於示範的實驗儀器。2020 年，香港城市大學的團隊用聚四氟乙烯薄膜改進了滴水起電機，把發電效率提高了上千倍！每平方公尺產生的電量可以點亮 LED 燈。現在，水滴發電還只能進行原理展示，未來還要透過建設實驗發電廠才能走進實用階段。海洋上和陸地上都有降水，海洋因為占據七成的地球表面，降水量也大致占全球降水總量的七成。滴水發電成熟後，既可以

在陸地上使用，又可以成為海洋地區的電力來源。

　　相比於我們熟悉的火力發電廠和水力發電廠，這些能源的潛力大到不可比擬，但它們最大的問題就是散亂，水流方向和幅度都無法控制，即使能用於發電，也是忽大忽小，忽有忽停。所以，需要自動控制技術更上一層樓，讓整個電力系統變得更「聰明」，才能把這些零散電力集中起來規模使用。除了潮汐發電廠，所有這些海洋發電廠都離陸地居民點很遠。溫差能最好在赤道附近，波浪能最密集處在北大西洋，要把這些地方發出的電輸送回陸地，就要建設複雜的海底電網體系，發電成本雖低，輸電成本卻高。

　　所有這些海水發電技術都要等將來的某一天才能發揚光大，那就是人類在大洋裡建成長久駐留地。

終極能源

　　不久的將來，可控核融合將成為最主流的發電模式，一舉替換掉其他發電技術。屆時，海水將會給核融合提供取之不盡的原料，那就是氫的同位素「氘」。

　　在極高的溫度和壓力下，兩個氘原子核會融合成氦原子核，並釋放出強大能量。由於能量密度極高，氘的使用量很小，百萬千瓦核融合發電廠每年只消耗 304 千克的氘，而一升海水就能提取出 30 毫克的氘，地球上所有海水包含著 45 萬億噸的氘。如果上述工業鏈條最終形成，一升海水相當於

300 升汽油。而且從海水中提取出氘以後，幾乎不會改變海水的性質，可以重新排放入海。

　　從 1950 年代起，由蘇聯工程師設計的托卡馬克裝置成為可控核融合實驗平臺；1990 年代以後，中國也加入了這場能源革命，在合肥建成世界首座全超導托卡馬克裝置。它已經創造了 1,000 秒的連續工作紀錄，未來的使命是實現真正的連續工作，最終實現能量淨輸出。與可控核分裂相比，可控核融合條件複雜得多，需要國際合作。如果一切順利的話，2050 年前後人類將建成第一座可控核融合實驗發電廠。這可能是人類進入太空時代前要登上的最後一級能源臺階。人類普遍使用化石燃料後，就不再燒木頭。一旦核融合發電廠啟動，人類目前的能源結構也將徹底改變。占地面積過於廣闊的水力發電將首先消失，汙染嚴重的火力發電也將隨後消失。甚至風力發電和太陽能發電也不會長久，因為風機和太陽能電池板的製造都是高耗能過程。當然，核分裂發電廠也將在消失名單上，畢竟分裂燃料很少，而且燃燒後的核廢料如何存放也是個尖銳的問題。而核融合的最終產物是氦，沒有放射性，十分清潔。

　　更重要的是，人類歷史上不斷因為能源而發動戰爭，可控核融合將終結這類戰爭，誰願意為取之不盡的海水而開戰呢？首座核融合發電廠發電半個世紀到一個世紀內，所有其他的集中式發電裝置都會消失，天空變得清潔，大地變得安

靜。但仍然會有一些分散式發電，如風力發電、太陽能發電和水伏發電，服務於遠離居住區和工業區的人們。重要的是，依靠強大的可控核融合，人類才能開啟太空時代。

　　如果按照現有能源的使用量計算，海水中的氘可供人類使用 250 億年！足夠人類用到地球被太陽吞噬掉之前。那時，人類也許早已離開地球，開發星際資源去了。

第三章　無機寶藏

　　走到海邊，用手指沾著海水嘗一嘗，苦鹹的滋味會提醒你，海水就是無機溶液，是一座流動的富礦。人類從陸地上找到的很多資源，如果與海水中的蘊藏量相比，都會變得不值一提。

　　然而，資源永遠是技術的函數。沒有金剛鑽，人類就做不了海水提煉這個瓷器工作。直到幾十年前，不斷更新的技術才讓海水顯示出它的資源本質。

化海水為淡水

　　地球上的水雖然多，但淡水只占可憐的 2.53％，並且絕大部分封存於冰川中，而那裡又是無人區。第一次工業革命以後，全球人口總量不僅增加了 6 倍，而且大規模的趨海移動，人口逐漸集中到沿海城市，而淡水卻一直靠內陸維持。

　　1982 年，由於用水告急，天津市不得不實施引灤入津工程，從河北省灤河流域引水入津。為開挖各種管道與涵洞，最多時有 17 萬人奮戰在工地上。而天津市主城區離大海只有幾十公里，中間一片通途，卻只能望海興嘆。

　　在中國 55 個沿海地級以上城市中，有 51 個為缺水城市。沿海地區年缺水總量達到 200 多億立方公尺，主要集中在天津、河北、遼寧、山東等這些北方沿海地區。究其原因，在於這些地方主要依靠陸地淡水，且常年處於乾旱。另外，沿海城市海拔很低，不能大規模抽取地下水，否則海水會入侵內陸地下水系統。

　　如果按品質計算，海洋給予人類最大的物質資源就是水本身，使用它的方式便是海水淡化。如今，阿拉伯聯合大公國幾乎所有飲用水都來自海水淡化，以色列也有 70％ 的飲用水來自大海。在義大利的西西里島，當地居民有 500 萬，海水淡化已經為居民提供了四成的飲用水。不過，這些都是人口不到千萬的小型經濟體，如果是數千萬人口的沿海國家，海水淡化還不能為全民提供飲用水。

中國海水淡化工程正是從缺水的天津開始。最吃緊時，天津曾經從北京密雲水庫臨時調水，但是北京也缺水，無法長期支援天津。1974 年，為解決天津缺水問題，中國召開全國海水淡化科技工作會議，工業規模的海水淡化廠也是從這次會議後開始建設的。

　　現在，天津發展成中國海水淡化規模最大的城市，每天生產淡水幾十萬噸，保障了濱海新區五分之一的飲用水，而濱海新區為天津貢獻了經濟總量的四成。

　　北京市也制訂計畫，未來將從河北省曹妃甸工業區輸送淡化海水，最終實現每天 300 萬噸的產能。2019 年北京市的日用水量為 320 萬噸，如果該海水淡化工程能完成，加上其他水源，基本能滿足這個北方最大經濟城市的用水。

　　中國有 450 個島嶼有人居住，海水淡化是當地頭號水源。對沿海城市來說，海水淡化目前還只是第二水源，比例遠低於內陸淡水供應。但如果曹妃甸這種規模的海水淡化工程能夠普及，海水淡化將成為沿海城市的第一水源，節省下大量陸地淡水資源。

　　海水淡化需要很多能量，是取用淡水能耗的 10 倍以上。義大利杜林理工大學能源部發明了一種仿生學裝置，能漂浮在海面上用毛細管吸收海水，並自動將水和鹽分離。該裝置全程不使用機械系統，依靠太陽能每平方公尺每天可產生 20 升淡水。

中國科學院寧波材料技術與工程研究所用水稻秸稈製造成光熱蒸餾器，每平方公尺每天可提供三個人的飲用水，使用的能源是太陽能。

這些海水淡化裝置不能大規模生產淡水，但可以用於小型居民點或海上科學研究站，甚至可以配備在救生船上，讓海上遇險人員直接從海水中獲取淡水。

冰山也是資源

2000 年 3 月，一座名叫「B15」的冰山從南極洲羅斯冰架上斷裂，漂進海洋，其面積達到驚人的 1.14 萬平方公里。1.14 萬平方公里有多大？差不多能把天津市區和四郊五縣都包括進去。

南極冰川凍結了地球上 72% 的淡水，由於壓力和重力的作用，這些冰川從數公里高的地方向海邊壓下來，前端探入海洋形成冰舌。冰舌一旦斷裂，就可能形成南極特有的「桌狀冰山」。這些冰山露出海面的高度可達幾十公尺，海面下可達幾百公尺，方圓按平方公里計算。

這些冰山在南極附近被海流和海風所推動，兜兜轉轉，最後融化在海水裡。它們的壽命可能有幾年或十幾年，有的甚至可存在幾個世紀。如果把它們運到人類所在地，不就是很好的淡水資源嗎？以「B15」為例，這座冰山後來裂成兩塊，代號為「B15A」的一塊蘊藏的淡水夠英國用 60 年，而

另一塊也夠美國用 5 年。

然而打開地圖後就會發現，人類工業地帶和人口密集區都在北半球，距離遠不說，還隔著很多島嶼和陸地。所以，能用上這些冰山的只有南美沿海地區、非洲南部沿海地區和澳洲。沙烏地阿拉伯曾經打過冰山的主意，想把它們運到吉達港融化成淡水，但是成本太高了。

不像內陸淡水，南極冰山是無主資源，把它們運到目的地，運費是主要成本。中國學者曾進行過成本分析，以 1 億立方公尺的冰山為目標，以每小時 3 公里的速度拖到波斯灣，扣除沿途融化部分，淡水價格只有海水淡化的 4%。所以，這筆生意完全能做！

從技術上講，運輸前要選擇冰山的形狀，長條形冰山容易在腰部折斷，導致運輸失敗；過於方正的冰山，行駛時海水阻力大。至於什麼是適合運輸的最佳形狀的冰山，目前還沒有在實踐中得出結論。

目標冰山的位置也要選擇，離南極大陸越遠，離供應目標就越近。拖運冰山通常要幾個月甚至一年，距離縮短幾百公里都是優勢。另外，冰山在海面下的部分高達幾百公尺，當進入狹窄水道或者寬大的淺海時會有擱淺的可能，這個因素也需要考慮。

至於拖動技術，目前有幾種方案，有人主張直接用船上的鋼索拖拽，也有人主張在冰山上裝上電力推進裝置，由船

載核電發電廠供電。

萬事俱備，只看需求。南美有人口，但經濟規模有限，而且還有亞馬遜河供水。澳洲是工業發達的國家，但人口有限，對淡水也沒有迫切的需求。海灣國家又富又缺水，無奈離冰山太遠。綜合各種因素，非洲南部反而是最大的潛在市場。這裡是全球人口成長最快的地區，從現在起到 2050 年，非洲還要增加 13 億人口，他們都需要淡水。同時，很多非洲國家都在工業化，經濟的年平均成長率可達到 10%，不亞於曾經的中國，這也使得他們在將來有條件為冰山付費。

當然，拖動冰山之前，最可能實現的是販賣南極冰塊，將無汙染的南極冰直接放入冷凍船，運到已開發地區，成為飯店、餐館的配料。

▌海水可以直接用

凡爾納（Verne）曾經寫過一個科幻故事，名叫《大海入侵》（*Invasion of The Sea*）。在小說裡，人類開挖運河，將地中海的海水引入撒哈拉沙漠，這是直接利用海水的科學暢想。雖然撒哈拉沙漠改造工程從未展開過，但是人類直接利用海水，而不是將海水淡化後再使用，累積起來的水量也能灌溉幾片沙漠。

過去 200 年來，內陸居民紛紛離土離鄉到沿海城市工作。這種趨海移動累積到今天的一個結果就是，中國平均每

人淡水占有量約為每年 2,100 立方公尺,而大部分沿海城市平均每人淡水占有量低於每年 500 立方公尺。所以,沿海城市對直接使用海水有剛性需求。

在城市用水中約有 70%～ 80%屬於工業用水。而在工業用水中,冷卻水又占 70%～ 80%。綜合下來,一半以上的城市用水消耗在冷卻上。為什麼不直接用海水?是的,很早以前人們就用海水進行直流冷卻,也就是把海水引入工廠設備進行冷卻,然後再排入大海。但是由於冷卻過程攜帶汙染物,造成近海環境嚴重汙染,這種方法基本上已經廢止。

目前,工業上主要利用海水進行循環冷卻,也就是將從冷卻塔流出來的溫熱海水儲存起來,降溫後再通入冷卻塔循環利用,取水量降到以前的百分之幾。

在市民生活用水中約有 35%的水是用來沖馬桶的。現在的下水管道多使用陶瓷和塑膠製品,耐腐蝕,沖馬桶也可以使用海水。在香港,八成人口用海水沖馬桶,每年節省約 18%的淡水。在沿海城市,景觀用水和道路清汙用水也可改用海水,這兩個領域也是用水大戶。

而在工業領域,洗滌、製鹼、印染等行業都是用水大戶。工業生產遲遲不能用海水,是因為海水鹽分太高,易腐蝕機器設備。然而,用新材料對機器設備進行改造,最大限度的減少腐蝕,海水不就可以直接使用了嗎?沿著這一思路,上述行業也正在加大海水的使用量。

　　如此看來，直接利用海水大有可為。無論沿海工廠取用多少海水，周圍海水都會自動補充過來。與淡水相比，海水取用量接近於無限，只是由於排汙考慮，才不能無限量取用。然而，工業上使用淡水也會造成水汙染，兩者在環保處理方面幾乎沒有區別。

　　如果直接利用海水大規模鋪開，不僅沿海地區節約了淡水，某些大量用水的工業企業還能從內陸遷到沿海地區，間接節約了內陸淡水資源。然而，目前制約海水直接利用的，除了技術因素，還有價格因素。

　　沿海城市在建設過程中，供水系統從整體上是以利用淡水為主的。如果改成利用海水，需要對管網進行大規模改裝。特別是很多工業企業，都需要改裝給排水系統，這筆費用非常大。

　　另外，如中國「南水北調」之類的工程由國家出資，以公益形式興建，使淡水價格低廉，居民和企業更願意使用淡水。而直接利用海水從一開始就由市場定價，難以和淡水競爭。這種價格體系導致資源供求關係被扭曲，但也不能一步調整到位，需要在較長時間裡，逐漸把淡水成本計入價格，讓水價上漲，促使人們更多的使用海水。

海鹽之利

過去天津有句老話，「金寶坻，銀武清，不如寧河一五更。」這句話是用來形容當地長蘆鹽場的價值。寶坻和武清是天津的兩個富裕縣區，都能進入中國百強縣。然而，他們都比不上寧河鹽工半夜起來收海鹽的效益。

長蘆鹽場橫跨天津與河北，海鹽年產量占全中國的四分之一。此外，中國還有東灣、萊州灣等著名鹽田。浙江甚至有個海鹽縣，以「海濱廣斥，鹽田相望」而得名。

與趨海移動相似，人類吃鹽也是先用陸鹽後用海鹽。鹽業是很多內陸帝國的經濟命脈，透過加熱高鹵水獲取鹽是常用方法。然而，直接把海水引入灘塗，靠風吹日晒蒸發取鹽，不僅大大節省燃料費用，還不需要鑽取鹵水。所以，海鹽最終取代陸鹽，成為餐桌上的主流。

不過，若根據用量來計算，鹽最大的用途不是食用，而是充當工業原料，所以工業鹽也被稱為「化學工業之母」。人類透過鹽來製造鹽酸、燒鹼、純鹼和氯氣，再把這些原料用於陶瓷和玻璃的生產，以及日用化工、石油鑽探等。所以，鹽是現代工業的重要物資，單是製造燒鹼和純鹼的用鹽量，就達到食用鹽量的 8 倍。

1914 年，中國實業家范旭東便是從海鹽起家，進一步創辦鹼廠、硫酸銨廠，成立化工實體「永久黃」，成為民國時期四大實業家之一。

從化學角度講，鹽並非只指氯化鈉，而是所有金屬離子或銨根離子與酸根離子結合的化合物。海水除了能提取氯化鈉，也能提取其他鹽類，包括氯化鎂、硫酸鎂、碳酸鎂等。氯化鎂可用於食品工業，如加工豆製品；用硫酸鎂製造的水泥具有良好的防火性、保溫性和耐久性，而且硫酸鎂還是重要的鎮靜劑；其他鹽類也都有重要的工業用途或者醫學用途。

人們用海水曬鹽時，先得到粗鹽，剩餘的苦鹵水就用來提取其他化工原料。中國每年在海鹽製取中產生約 2,000 萬立方公尺的苦鹵水，這些苦鹵水是重要的化工原料。

雖然科學家很早就弄清楚了海鹽的成分，但是以海鹽為原料的化工業在 1960 年代才發展起來。海鹽以海水為原料，不管使用多少，周圍海水都會補充過來。如果把海洋中的海鹽都提取出來，約有 5 億億噸之多，與人類現在的取用量相比，算得上是取之不盡，用之不竭。以海鹽為原料的重化工業，多分布在沿海城市，直接從海水中提取鹽，可減少運輸成本。

早在 2005 年中國就成為全球頭號海鹽生產國，現在中國的海鹽產量已經占到全球海鹽產量的三成以上。1949 年初期不僅缺鹽，而且鹽類化工業規模小，近 90% 的鹽供食用。1987 年，中國工業用鹽量超過食用鹽量。現在，兩者的比例已經倒轉過來，工業用鹽接近總用鹽量的 90%。

所以，海鹽在國民經濟中有著極其重要的地位。

從海水中直接提取原料

除了海鹽或者海鹽業的副產品，我們還能從海水中直接提取很多有用原料。特別是海水淡化行業，到現在對水的提取率都沒超過 50％，濃縮後的海水要作為廢料排回去，既汙染又浪費。所以，人們開始打起了從海水中直接提取原料的主意。

鎂在海水中的比例僅次於氯和鈉，鎂的各種合金廣泛運用於航空航太和精密儀器上，是重要的工業原料。人們很早就開始研發從海水中提取鎂的工藝，主要方法是把海水與石鐘乳混合生成氫氧化鎂，再進行提煉。

中國科學家袁俊生帶領團隊研製出「改性沸石」，用它製成分子篩，可以從海水中提取鉀，富集率可達到之前的200 倍。用這些原料製造鉀肥，品質已經達到進口優質鉀肥的標準。

溴是海水中的另一種資源，以前主要透過蒸餾法提取，效率低下。中國科學家吳丹等人發明鼓氣膜吸收法，可以提取海水中 90％以上的溴。

鋰是重要的電池原料，相比其他金屬，鋰可以儲存更多能量。每年全球為了製造鋰電池消耗約 16 萬噸鋰鹽。隨著新能源車的普及，這個數量還會在 10 年內增加近 10 倍。

全球海水中儲存著約 1,800 億噸鋰，不過看上去很多，但是濃度只有 0.2％，而且鋰和鈉的化學性質接近，鈉在海水中的比例遠多於鋰，所以目前各種提取方法都導致產生的鈉

遠遠多於鋰。

　　美國史丹佛大學崔屹教授的團隊在電極上塗覆二氧化鈦，讓鋰離子更容易透過這層薄膜進入電極，並且分離也比鈉要慢，經過多次循環後，可以將提取的鈉和鋰的比例提高到 1：1，有了工業化生產的價值。

　　2018 年，南京大學的團隊使用選擇性固體膜，從海水中成功提取出鋰。整個過程依託太陽能電池板完成，大大節省能耗，也讓從海水中提取鋰朝實用方向邁進了一步。另外，銣和銫等重要的金屬也都可以從海水中提取。

　　核電以鈾為原料，陸地鈾礦現已不堪開採，人們便嘗試從海水中提取鈾，英國和日本都有此類研究。2018 年，美國一個研究團隊使用丙烯酸纖維，將海水中的鈾吸附在上面，改變條件後，這些鈾還會從材料上分離出來，1 千克丙烯酸纖維就能從海水中分離出 5 克鈾。

　　1970 年，華東師範大學科研組率先從海水中提取到 30 克鈾。目前，這些實驗的成本都高於陸地鈾礦，但是前景看好。陸地鈾礦只集中在極少數國家，而世界上很多國家都有海岸線，一旦海水提鈾技術獲得突破，日本這樣的國家都可以自產核燃料。

　　濃海水是海水淡化工業的廢料，但同時也是上述工業的原料。所以，這些工業可以圍繞海水淡化業建立起來，一舉多得。

不起眼的資源

如果以產值計算，目前海洋中最大的資源非石油和天然氣莫屬。第二大資源很多人不一定想得到，它居然是不起眼的海砂。

只要做建築，就需要砂，特別是混凝土技術出現後，砂必不可少。最初，人類主要利用河砂和山砂，隨著城市建築體量爆增，這兩種砂資源供不應求，價格飛漲，不少工程居然因為沒有砂而停工。

利用河砂和山砂需要挖河道、挖山體，造成明顯的環境破壞。將陸砂運到海邊，運費成本也很高昂。這些都促使人們以海砂替代陸砂。另外，由於海平面上升，沿海地區需要大規模填海造陸，或者修築海堤。目前，人類採集的海砂中，有 20％用於填海造陸。未來幾十年，這類需求會迅速膨脹，陸砂已經完全無法供應。

廣東省近海海砂資源約有 12.5 億立方公尺。該省制訂規畫，要在未來幾年內每年投放 7,000 萬立方公尺海砂。2020 年，珠海市拍賣珠江口外伶仃東海域的海砂採礦權，居然拍到 62.48 億人民幣，和大城市中心地價有得一拚。菲律賓向中國中交疏浚集團提供的 2 億立方公尺海砂，價值也高達幾十億元。

然而，海砂與河砂有個最大的區別，就是海砂含鹽量高，拌入混凝土中會腐蝕鋼筋，導致結構隱患。所以，在技術方法得到突破之前，海砂只能用於臨時建築。然而，由於

陸砂供不應求，一直有人偷偷使用海砂。中國政府也推出各種政策，嚴格限制砂料中的氯含量。

海砂要想合理使用，必須經過淡化。於是，海砂混凝土成為一個重要的科技攻關項目。日本由於缺乏陸砂，從 1940 年代開始研發海砂混凝土，到了 1990 年代，日本 30% 的混凝土使用海砂。英國、丹麥、挪威、瑞典等沿海國家，也都普遍在建築業裡使用海砂，一些國家海砂的使用量已經超過 40%。

要減少海砂裡的鹽分，最簡單的方式就是用淡水沖洗。不過，濱海地區本來就缺乏淡水，沖洗海砂造成了新的淡水消耗。為此，珠海臺奇海砂淡化科技有限公司在全球首創海水洗砂技術，直接用海水將海砂中的有害離子含量降低到國家標準以下。

另外，挖掘海砂會改變海底地形，影響河道入海口，破壞海洋生態環境。所以，海砂開採需要自然資源部門提供詳細的勘探結果，並且在合規的前提下進行開採。

除了採集天然海砂，靠機械方式還能將海底岩石粉碎成海砂，用於擴大島嶼面積。這就需要大型自航絞吸挖泥船。它配備各種絞刀，將海底岩石絞碎後，可以噴射到幾公里以外，從而把礁盤擴建成島嶼。

中國已經相繼建成「天鯨號」與「天鯤號」重型自航絞吸船，透過這些船隻協同作業，一年半在南海填島 12 平方公里，極大的擴展了海島的使用面積。2019 年，這些造島神器

又在斯里蘭卡的可倫坡吹填出 269 公頃（1 公頃＝ 10,000 平方公尺）土地，成為印度洋周邊最大的單體填海造陸工程。

隨著技術水準的不斷提高，海砂與海岩這些不起眼的物質，正成為大海中的新資源。

濱海砂礦

僅僅用於建築，還不至於讓海砂如此值錢，不少海砂還是寶貴的礦產資源。

遠古時代，火山將地球內部的礦物質噴射出來，在海邊冷凝，它們被浪濤反覆拍打，形成砂石。受海流衝擊，有些砂狀礦物堆積起來，便形成規模化的海砂礦。全球已探明具有開採價值的海砂礦高達 7,000 億噸。

二氧化矽是海砂中最主要的成分，它可以被加工成各種石英製品，廣泛用於玻璃、鑄造和建築業等。

金剛石也是海砂中的重要資源，雖然南非鑽石礦業以出產大顆粒鑽石而聞名，但是全球 90% 的工業金剛石是從海砂中提取的。海邊的金礦也為數不少，著名的阿拉斯加諾姆砂金礦，就是長期海浪作用後形成的高品質砂礦。

釩和鈦都是重要的金屬材料，可用於航空航太等尖端科技領域。而世界上一半的釩、鈦資源來自海砂礦。

中國有漫長的海岸線，濱海砂礦豐富。遼寧瓦房店是中國主要的金剛石產區，由於水流的剝蝕作用，陸地上很多金

剛石被沖入當地的復州灣，淹沒在水下。目前勘探結果顯示，瓦房店已探明的金剛石儲量約為 1,200 萬克拉。

科學家對山東半島淺海碎屑進行了長期研究，已經發現了鐵鈦礦、石榴石、鋯石、榍石、電氣石等重要礦石。海南島東部濱海區則是極有潛力的鋯鈦砂礦開採區。

海砂礦一般都集中在淺灘，挖掘和運輸都方便得多，不需要在深山老林裡面鋪路，這是海砂礦的又一大優勢。

由於近年來中國的建設需求猛增，中國國內礦產資源不夠，最近也開始大量進口海砂礦。來自印尼、菲律賓和紐西蘭的海砂鐵礦，是中國大宗進口的海砂礦物，品相十分優良。

截至目前，中國沿海已探明的海砂礦物有 60 多種，總量約 16 億噸。雖然濱海砂礦資源不少，但是中國海砂開採業起步很晚，並不發達。長期以來，不少砂礦都被當成普通海砂用於生產建築材料。

海砂礦通常是幾種資源混在一起，限於技術，很多地方只能採集其中一種，而將其他礦藏作為廢料拋棄。海砂雖然很豐富，但也是典型的不可再生資源，尤其是在某個具體位置上，採一點就少一點。現在還沒有多少人關注海砂資源，但是由於全球使用量不斷攀升，在不遠的將來，人類是否會面臨海砂短缺呢？

一位美國作家最早關注這個問題，他經過調查發現，在

南非、肯亞和墨西哥等國家，都有因爭奪海砂礦導致的死亡事件。這充分說明這一行不僅有利可圖，甚至是有暴利可圖。

海砂礦既有遠大前景，也有現實問題，希望本書讀者能夠從中找到自己的研究方向。

錳結核

西元 1872 年，英國「挑戰者號」海洋調查船從深海撈起形似瘤子的礦石，因其主要成分是錳的化合物，所以把它稱為錳結核。

直到第二次世界大戰前，海洋科學家不斷從深海海底撈出錳結核，但都未予關注，因為當時陸地上錳礦和鐵礦還很豐富。第二次世界大戰後，隨著經濟開發的速度加快，金屬需求量猛增，且錳結核中除了鐵和錳以外，還有很多稀有金屬，於是在 1959 年，美國科學家梅羅公布了第一份錳結核商業開採前景報告。從那以後，海洋科學研究大國開始把錳結核當成研究重點。

在錳結核當中，錳占 25 ％，鐵占 14 ％，此外還有鎳、銅、鈷等金屬。除了鐵和銅，其他金屬在陸地上都比較少見。錳結核恰恰填補了陸地金屬礦藏的空白。以美國為例，由於錳礦全部都要進口，其一直著力於深海錳結核的研究。

以目前的年消耗水準來計算，海底錳結核中的錳約可供

人類使用 3.3 萬年，鎳約可以供人類使用 2.5 萬年，銅可以供人類使用近 1,000 年。金屬材料並非消耗品，大多可以回收再利用，所以人類不用把它們都挖出來，就可以豐富自身金屬材料的倉庫。

還有一個因素讓錳結核顯得更有價值，就是它幾乎全都分布在公海裡，沒有領海和專屬經濟區帶來的法律糾紛，更不屬於任何個人。在國際海底管理局的協調下，先驅投資者都劃分到了大片勘探區。

海水中各種金屬氧化物沉降到海底，在電子引力作用下聚集成塊，便形成了錳結核。由於海水成分都差不多，所以錳結核廣泛分布在大洋深處，有的地方每平方公尺就有幾十公斤。如果這是在陸地上，完全不用炸山挖洞找礦脈，直接撿起來就行。

大洋盆地地形非常平坦，水流也很緩慢，錳結核就這樣到處散布著。開採時，只要把船停下來就行，其中最大的障礙只是深海處的水壓，以及海水對設備的腐蝕。

各國相繼進行過很多次錳結核的試採，有的使用鏈斗式採掘機，就像農村用的水車那樣，把錳結核挖上來；有的使用水力升舉法，把錳結核連泥帶水從深海裡吸到船上；有的使用高壓空氣把深海的錳結核吸上來。

雖然試採者很多，但都是在海洋調查船上進行的，採集量很小。真正能夠執行商業化開採任務的船，只有中國建成

的「鸚鵡螺新紀元號」深海採礦船。這艘船為了便於架設和使用開採設備，製造得很寬，達 40 公尺，長為 227 公尺，停在海面上像一個平臺。它透過提升幫浦把錳結核吸上來，再進行分離，滿載量可達 39,000 噸。

任何工業生產的第一步都很昂貴，等到產能提高，成本就會下降。製造這艘船的馬尾造船廠表示，「鸚鵡螺新紀元號」成功後，會帶來 100 艘的訂單！大洋深處將形成一個採礦船隊。

現在，「鸚鵡螺新紀元號」還必須自己將礦物運回來，這時就要停止開採。將來有可能建設專用船隊，從採礦船那裡轉運礦物，這樣採礦船就可像鑽井平臺那樣持續作業了。

富鈷結殼

大洋底部不光有廣闊的盆地，還有巍峨的海山，尤其是太平洋，集中了全球大部分海山。由於水流作用，淤泥不會附著在海山上，所以海山地區大部分是光禿禿的岩石。

海洋中的金屬氧化物往下沉降，如果遇到盆地，就形成錳結核；如果遇到海山，就會附著在上面形成一層殼。它的成分和錳結核差不多，只是鈷的含量要高出三、四倍，所以又叫富鈷結殼。

由於海山形狀各異，富鈷結殼不像錳結核那樣平均散布，有的地方厚，有的地方薄。厚度不足 0.5 公分的只能叫

「結膜」，0.5 公分到 1 公分之間的叫「結皮」，超過 1 公分的才叫「結殼」。

　　從開採角度講，當然是越厚越好，這就需要大規模的海底調查，尋找富礦區。太平洋下面的海山系統十分龐大，中國探測器曾經挖到過 30 公分厚的結殼，日本也曾經找到半個東京大小的富鈷結殼礦。

　　鈷被廣泛用於電池、超硬合金和陶瓷等的產生，被稱為「工業的味精」。特別是新能源汽車正處於普及階段，製造量會飛漲，而其電池的重要原料之一就是鈷。

　　然而，中國鈷資源只占全球的 1.1%，卻在使用著全球三分之一的鈷。相反，海底富鈷結殼中的鈷儲量是陸地鈷礦的十幾倍。所以，中國對富鈷結殼很感興趣，「蛟龍號」深潛器出海的一個使命就是尋找這種寶貝。另外，富鈷結殼裡有很多稀土金屬，它們也是高科技領域必須用到的材料。

　　不過，錳結核就像馬鈴薯一樣散布在泥裡，容易開採，富鈷結殼卻生長在岩石上，需要把它們敲下來。現在做資源調查，人們使用淺鑽和抓斗來獲取富鈷結殼，將來還需要設計出專門的生產工具。

　　海底世界除了這兩種最普遍的礦藏，還有多金屬硫化物和多金屬軟泥，兩者都出現在海底地殼薄弱處，那裡噴出很多海底熱液，其中含有大量的硫。硫與金屬元素反應後，形成硫化物保留下來。多金屬軟泥也來自海底噴出的熱液。由

於這個原因,這些資源年年生長,是典型的可再生資源。

金屬硫化物和多金屬軟泥中,錳、鉛、鋅的含量都相當高。此外,多金屬軟泥中富含稀土礦物,是陸地稀土礦物的800倍。日本東京大學佐藤團隊在太平洋1,000多萬平方公里海域裡進行試點勘探,發現了廣泛的稀土礦物。以日本目前的使用量,約1平方公里金屬軟泥裡的稀土元素,就夠日本使用一年。

金和銀這兩種貴金屬,在多金屬硫化物和多金屬軟泥中也有很高的蘊藏量。所以,上述這些都被稱為策略性礦產資源。與錳結核一樣,這三種金屬礦藏也主要分布在公海海底,不涉及各國主權和私人產權,沒有法律糾紛的困擾。以鈷為例,中國超過90%的鈷礦要從非洲不穩定地區進口,經常受當地戰亂的影響,但是在海洋裡不存在這個麻煩。

最生態的開發

向海洋要無機資源,還有一個重要目的,就是恢復陸地生態。

第二次工業革命後,各種礦業開發破壞了綠水青山,使得大地千瘡百孔。當時,由於技術平臺限制,人們只能開發陸地礦產。不久的將來,人類轉向海洋要礦後,這個局面就會徹底改觀。

這裡需要介紹「生物量」的概念,它是指某一時刻單

位面積內生物物質的總量。這個單位面積可以用「平方公尺」、「平方公里」作標準。透過比較，人們可以發現在「森林」、「草原」、「沙漠」、「海洋」等各種環境裡生物量誰多誰少。

當然，科學家不可能把所有生物都稱量一遍，目前對於生物量的研究還都屬於間接估算。大致來說，陸地植物占了總生物量的 82%，其次是細菌和真菌。海洋雖占地球表面的71%，但其生物量卻剛剛超過 1%。

海洋這麼少的生物量，有四分之一生活在近海。人們會從電視節目中看到水下攝影鏡頭，海底生物雲集，魚類暢游。但那都是近海的情況，遠海大洋裡有很多生命禁區。而錳結核與富鈷結殼，恰恰都位於這些地方。

海洋生命所需要的養分，或者從陸地上沖下來，或者由海流從海底捲上來。受海陸交界影響，近海波濤洶湧，海流強勁，水質混濁，營養成分也高，成為生物富集區。離陸地越遠，海水越平靜，海水也越深，底部營養成分就越難帶到海表，所以這些地方的生物量都很小。

美國的海星探測器是一顆用於觀測海洋中葉綠素含量的衛星。自發射以來，一直在觀測「海洋沙漠」的面積，這些海域的生物量小於陸地上沙漠地區的生物量。以南太平洋亞熱帶環流區為代表，世界上「海洋沙漠」的總面積已經達到海洋總面積的 56.3%。而這些地方恰恰以大洋盆地為主，是

金屬礦物的主要開採區。在這裡採礦，相當於在塔克拉瑪干沙漠中心採礦，對生態的破壞程度最低。

不僅如此，深海採礦甚至有吸引海洋生物的能力。透過絞吸海底礦物，拋棄冶金廢棄物，將一潭死水變活，使底部營養物質得以流動。人類遺留的海底沉船一直是微型生物聚集區，深海採礦也會帶來類似的效果。

陸地礦產還有產權問題。大量的礦山和油田都是有主資源，開發者和產權所有者之間圍繞產權交易產生很多麻煩。大洋盆地是公海，開發這裡的資源，至少不需要付工地使用費。

陸地礦區往往毗鄰人類居住區，無論開採還是運輸，都會為周圍帶來汙染。大洋盆地無人居住，在那裡採礦不會帶來這些問題。

深海礦物的產品幾乎可涵蓋所有陸地金屬，不僅可以滿足人類增加的對金屬的需求，或者降低礦產價格，更是對陸地礦物的替代。增加海礦，逐漸封閉陸礦，恢復植被，對增加地球生物量有重大意義。所以，深海採礦還應該作為環保產業予以扶持。

第四章　藍色糧倉

　　靠山吃山，靠海吃海。然而近幾十年，海產品正在大規模進入內陸市場，以至於許多內陸地區的消費者買到海產品後，還要先在網路上查查烹飪方法才會享用。

　　人在趨海移動，海產品卻沿著相反的方向「入侵」人們的餐桌。當人們提到「糧食安全」時，很少有人意識到海洋正在其中扮演著關鍵角色。

▌海濱植物

除了無機資源，海裡還有很多活的資源，那就是海洋生物。

如今，包括海產品在內的水產品，已經占據人類食物總量的三成。尤其是中國，要保證食物供應，海洋是重要的發展方向。下面就讓我們從海岸線開始，由淺入深，由表及裡，依次考察海洋生物資源。

放眼海岸線，那裡鹽鹼度高，傳統農作物難以生長，傳統農業從來不使用這些土地。然而，那裡生長著很多有用的海濱植物，其中一些甚至就生長在海水裡。當我們由陸地向海洋考察時，首先就是那些不起眼的海濱植物。

紅樹科植物是最著名的海濱植物，包括紅樹、海蓮和木欖等。由於有泌鹽機制，紅樹科植物可以過濾掉海水中的鹽分。不過紅樹科植物都是喜鹽植物，只生長在高潮區和低潮區之間的潮間帶上，海潮到不了的地方，也沒有它們的蹤影。而且，紅樹科植物也不像海藻那樣全身泡在水裡吸收營養，它們仍然要把葉子伸出水面。

紅樹科植物目前以野生為主，並且很多紅樹聚在一起，形成紅樹林，這種生態系統的重要作用是防護堤岸。印度洋大海嘯時，就有臨海漁村受到紅樹林的保護而倖免於難。特別是海平面上升、海侵現象日益嚴重的今天，這種作用非常重要。

同時，紅樹林還是近海汙染的重要淨化者。由於臨近人類居住區，近海承受了陸地排入汙染物的 90％。紅樹林擁有很大的生物量，比起裸露的沙灘和岩石，其淨化能力要大得多。此外，紅樹林裡還能養蜂，其營養物質可轉化成蜂蜜供人類使用。

由於歷史原因，中國紅樹林受到砍伐，目前僅占全球的 0.1％。今後，大力恢復沿海紅樹林是海洋開發的重要內容。

海馬齒的形態很像陸地上的馬齒莧，只是生活在海邊高濃度鹽水裡。海馬齒不僅能食用，還能作為護堤植物。福建莆田後海圍墾管理局已經試種出 2,000 平方公尺的海馬齒，可作為蔬菜和景觀作物。

2019 年，袁隆平團隊開發的海水稻畝產超過 1,000 公斤，海水稻本身就是一種野生海濱植物。科學家透過海水稻與普通稻種雜交、選育，培養出可以產業化種植的海水稻。

海水稻生長在一向被認為是農業禁區的灘塗，每增加一畝海水稻，就節省一畝傳統良田，這是海水稻的重要價值所在。並且海水稻可以直接引海水灌溉，又節省了寶貴的淡水資源。

海水稻即使被海水淹沒大部分，水退後仍然能生長如初。這使得它有與紅樹林類似的生態保護功能。野生海水稻比紅樹林少得多，透過大面積人工種植，可以發揮環保作用。

除了這些大宗海濱植物，沿海岸線還生長著很多有用植

物，有歐洲人常吃的海甘藍和婆羅門參，中國沿海居民用來燉菜的馬康草，能做成調味料的辣根草等，這些都是海岸對人類的饋贈。

所有這些海濱植物都有不占用傳統良田、節省淡水資源的優勢。中國平均每人土地和水資源遠低於國際水準，大力發展海濱植物，向海水要糧食、蔬菜，是海洋科技的又一重要課題。

藻類資源

「靠山吃山，靠海吃海」，在交通發達的今天已經成為過時說法。重慶這樣的內陸城市，已經建成規模很大的海產批發市場。一些高級餐廳甚至能透過空運，從世界各地運來海鮮。海產品在中國人的餐桌上逐漸占有更多比例。

如今，中國人已經不用擔心飢餓，反而關心「三高」，注意健康飲食。海產品相對於陸地上的動植物營養價值更高。過去由於運輸條件限制，只有濱海居民才食用海貨，如今在各地餐桌上「以海代陸」，成為一個長期化的趨勢。

單純以重量來計算，海藻在海產品中占有極大比例，它包括海帶、紫菜、裙帶菜、石花菜等許多品種。由於它們可以晒成乾貨保存，很早就能從沿海輸送到內陸，人們也熟悉它們的食用方法。

除了直接食用，海藻還是重要的工業原料，海藻糖就是

典型。它和蔗糖一樣，在人體內可轉化成葡萄糖被人體吸收。海藻糖用於食品工業後可以替代蔗糖，從而減少對土地和淡水的依賴。海藻糖還可以用在醫藥和化妝品行業中。

很多國家都以海藻為原料，用發酵法提取海藻糖，雖然遠比不上蔗糖的產量，但其成長速度快於蔗糖。現在海藻糖的年產量已接近 5 萬噸，預計到 2024 年，海藻糖的年產量能接近 8 萬噸。

海藻的加工品不僅有糖，還有鹽，那就是海藻碘鹽。海藻碘鹽是預防地方病的優良食品添加劑。

甘露醇也是重要的海藻製品，它在醫學上可以用作降壓藥、脫水劑和利尿劑。它還是蔗糖的替代品，可用來製作糖尿病患者的食物。海藻還能用於提取褐藻膠、瓊膠和卡拉膠，它們在科學研究和食品工業上有廣泛用途。

海藻及其產品不僅可供人類使用，還能製成海藻肥。海藻肥是一種複合液體肥料，其核心成分就是從海藻中提取的營養劑。

一些地方由於過度施用化肥，對土壤環境造成了很大的汙染，還影響農作物的品質。海藻肥的原料來自海洋，營養成分全面，是傳統化肥的優質替代品。

中國農業農村部曾經推出「沃土計畫」，鼓勵農民用有機肥代替傳統化肥。海藻肥就是用科技方法製作的優勢有機肥。另外，藻類還可以製成飼料供家禽家畜食用。藻類飼料

富含礦物質和微量元素，能夠提高動物的免疫力。

中國是全球頭號海藻生產國，最多時占全球 78％ 的占比！從 1950 年代開始，中國就對海藻進行人工養殖，並在濱海城市興建以海藻為原料的企業，將海藻轉化成各種食品、醫藥品和日用品等。

1970 年代以後，中國依靠從海帶裡提取的碘生產碘鹽，結束了碘缺乏的歷史，讓民眾的健康水準提高了一大步。長期以來，中國都是藻膠、瓊膠和卡拉膠的最大出口國，可以說，圍繞海藻的工業鏈是中國的獨門利器。

▌魚類資源

其實，如果提到海產品，人們的第一反應就是魚。2019 年，全球平均每人吃掉 20.5 公斤的魚，創下了歷史紀錄。統計顯示，魚正從餐桌上擠掉其他各種肉類的占比，而且這個趨勢還會繼續保持下去。相對於各種家禽家畜，魚的營養價值更高，而且通常也沒有能傳染給人類的傳染病。

家禽家畜的飼養本身會帶來龐大的碳排放，其排放量約占溫室氣體總排放量的 18％，超過了運輸業。家禽家畜的排泄物也是重要的汙染源。在中國，畜牧養殖業每年排放的廢水超過 100 億噸，比工業廢水和生活廢水排放量的總和還要多。所以，多食用一份海魚，就減少一份陸地飼養業帶來的汙染。

由於烹飪方式不同，中國人更喜歡吃淡水魚。而在全球

漁業中，海洋漁業的捕獲量是陸地的 7 倍！近幾年，中國人也開始食用鮭魚、鮪魚等海洋魚類，這個趨勢還會發展下去。目前，中國既是全球最大水產品生產國，又是最大的水產品出口國，還是最大的水產品食用國。

由於濫捕濫撈，海洋漁業資源曾經瀕臨枯竭。從 20 世紀中葉開始，世界各國陸續頒布了漁業管理相關法規，制定出休漁、限漁政策，把海洋漁業資源逐漸從枯竭中挽救過來。

到目前為止，人類漁獲量的 78%屬於可持續利用種群，也就是說，人類的捕撈量不影響牠們的生存和繁衍。當然，剩下的 22%仍需要透過法律來約束。

儘管吃魚的人越來越多，但是到目前為止，魚類蛋白質僅占人類蛋白質攝入量的六分之一，還有很大的成長空間。在印尼、斯里蘭卡等國，魚類已經占到肉類食物的半數。

能直接把無機物變成有機物的生命稱為生產者。在海洋裡，表層海水中的浮游植物便是生產者。它們以陽光為能量，在體內製造營養物質。

浮游植物所形成的有機質，僅有 1%能沉降到海底，絕大多數透過食物鏈轉化到其他海洋生物體內，特別是中層魚類，很可能是全球最大的蛋白質來源。牠們位於 100 公尺到1,000 公尺深的海水裡，晚上到較淺的水層覓食，白天潛入深海以避免被鳥類捕食。由於這種習慣，牠們並不住在很淺的近海，而人類 90%的漁業是在近海完成的。

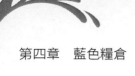

據估算，深海魚約占全部魚類的 95%。由於長期生活在缺乏光線的水層，使得牠們對光線和聲音十分敏感，可以在幾公尺之外偵測到人類的深海拖網，並加以躲避，所以深海魚幾乎未被大量捕撈。透過聲納研究，科學家不斷提高深海魚的預估生物量，其總數已經提高到之前預估量的近 10 倍！

甲殼類資源

到川渝兩地旅行的朋友，都會吃到名叫「香辣蟹」的菜餚，因為是純正的川菜作法，被人們稱為傳統美食。其實當地歷史上並沒有這道菜。「香辣蟹」所用的梭子蟹，產於中國沿海。隨著商業和物流的進步，海貨逐漸深入內陸，這道菜在 1990 年代才出現在內陸城市成都。而梭子蟹是典型的甲殼類海洋生物。

按消費方式來劃分，甲殼類水產品主要包括蝦、蟹、龍蝦和淡水鼇蝦等。陸地上與海洋中都有甲殼類動物，但是海洋中的個頭明顯更大。以巨鼇蟹為例，牠是現存最大的甲殼類動物，少數個體長達 4 公尺，重達幾十公斤。這種蟹在日本的餐廳裡能夠吃到。

由於飲食習慣不同，東亞漁民更習慣捕撈甲殼類水產品。中國早在 1950 年代就成為全球頭號甲殼類水產品海洋捕撈國。後來，中國又大力發展甲殼類水產品的養殖，如今的產量已經超過全球總產量的一半。

其實，中國人習慣吃的各種蝦，都不是海洋裡最多的蝦類。在圍繞著南極洲的南冰洋裡，生存著數量最大的磷蝦，名叫南極磷蝦。最豐富的地方，每立方公尺海水中就有上萬隻。對磷蝦的總量最樂觀的估算有 50 億噸，一般估算也有 5 億噸。生物學家分析，只要年捕獲量不超過 5,000 萬噸，就不會影響當地的食物鏈。而現在人類每年消費的甲殼類水產品的總量也不過幾百萬噸。

筆者 1980 年代就從科普節目裡聽過磷蝦的大名，當時牠就被稱為人類最大的蛋白質庫。但是由於中國當時鮮有漁船到達南海，直到近幾年才從進口海產品市場上看到磷蝦的影子。

南極磷蝦個頭小，賣相並不如我們習慣的其他蝦類，牠更多是用來製作加工食品。另外，歐洲遠洋漁船直接加工南極磷蝦油，這些蝦油在市場上是暢銷的保健食品。

大家食用蝦蟹，都會感覺剝殼很麻煩，殼的重量在蝦、蟹裡占到相當比例。其實，殼還是一種重要的原料，可以用來提取甲殼素。甲殼素是一種與植物纖維素結構非常類似的高分子聚合物。在工業上，甲殼素有著廣泛用途，包括製作紙張、殺蟲劑、魚飼料、化妝品等。醫療上，甲殼素還可以用於製作隱形眼鏡和人工皮膚。

最神奇的是，甲殼素纖維有抑菌性，90% 的細菌不能在上面生存。所以，人們把甲殼素纖維與普通纖維混紡，製成嬰幼兒專用服裝。

　　甲殼素普遍存於節肢動物的外殼中，地球上甲殼素的生物合成量每年可達幾十億噸，僅次於植物纖維素。陸地上的昆蟲就富含甲殼素，但是用昆蟲的殼作原料，遠沒有用蝦、蟹的殼作原料來得方便。所以，蝦、蟹除了食用之外，其殼還是甲殼素的主要工業原料。

　　目前，中國已經用蝦、蟹殼為原料製造出環保生物農藥、功能型肥料、果蔬保鮮劑等產品。用它們替代毒副作用大的化肥和化學農藥，讓海洋生物為陸地農業服務。從甲殼素中提取的殼聚醣，廣泛用於止血和人體組織再生修復，在抗腫瘤方面也正在顯示其效果。殼聚醣還可用於製造上百種保健食品，而且正朝著普通食品原料轉化。

▌軟體動物資源

　　走進海鮮餐廳，可以吃到魷魚、牡蠣等。雖然牠們的樣子十分不同，但卻同屬於海洋軟體動物，是人類最早食用的海洋動物之一。

　　以體量而論，魷魚是軟體動物的代表。中國目前有 600多艘遠洋魷釣船，年產量 50 多萬噸，相當於全球魷魚產量的五分之一，已經十多年位居世界第一。儘管如此，由於中國的魷魚消費量龐大，仍然需要從國外大量進口。

　　魷魚不僅可供食用，還可作為工業原料。魷魚皮含有大量膠原蛋白，一旦能夠工業化提取，在醫療、保健和美容等

方面會有廣泛用途，高品質的膠原蛋白還可以製成攝影材料。目前，魷魚皮加工的實驗室研究已經展開。

常被丟棄的魷魚內臟可以與米糠混合起來，作為飼料供魚蝦養殖用。魷魚內臟含有油脂，經精加工後還可以製成保健品。

魷魚最有特色的產物莫過於牠的墨汁，魷魚墨囊占其全重的 1.3%，少數國家如日本和義大利，有在食物中將魷魚墨汁作為配料的習慣。食品公司進一步將魷魚墨汁開發成天然色素，推出黑色食品。

另外，很多人都知道水母有毒，但這些毒素可以用於製造殺蟲劑，並且在抗腫瘤方面有效果，這成為海洋軟體動物的獨特價值。

大部分海洋軟體動物在捕撈後被食用，也有被用於裝飾的，珍珠貝類和珠母貝類體內的珍珠就是代表。50 多年前，浙江諸暨市開始人工養殖珍珠蚌，現產量可占到全球總產量的 70%，成為無可爭議的世界珍珠之城。劣等珍珠不能做成珠寶，但可做他用，如有些珍珠層較厚的貝殼可用來製作鈕扣。

在飲食行業，貝類一向是高級食材。外國的牡蠣、中國的象拔蚌都是貝類中的翹楚。隨著人們健康意識的提高，年輕一代對貝類的喜愛更勝，貝類已經走下「雲端」，成為夜市上的普通食材。

　　貝類被食用完之後剩下的貝殼也是工業原料，可用來製造貝殼粉。和石灰石一樣，貝殼的主要成分也是碳酸鈣，研磨煆燒後就能製成貝殼粉。它比石灰粉細膩，用於內牆裝飾時，可以加工成很多圖案，而石灰粉只能做成石膏。

　　貝殼中還含有甲殼素，有抑菌作用，貝殼粉刷過的內牆環保價值更高，可以潔淨空氣，消除異味，防靜電。並且，貝殼粉的使用壽命長達 20 年，普通石灰粉相比之下更容易脫落。

　　一些地方小吃如湖南的米豆腐，需要使用碳酸鈣加工，用貝殼粉會減少毒副作用。貝殼粉還可以用作食品中的乾燥劑。

　　目前，世界軟體動物總產量已突破 2,000 萬噸。中國在這個行業中的位置如何？沒錯，仍然是絕對的世界第一。1950 年中國只占全球軟體動物產量的 5.89%，而現在占比已超過 60%。

海獸資源

　　在人類尚未誕生的地質年代，一批哺乳動物的體型在進化中適應了海洋生活，重新下海，成為海獸。牠們也曾經是人類在海洋中獲取的重要資源。

　　在海獸群體中，鯨和海豚到處遊走，最早為人類所熟悉，中國古代就把牠們統稱為「大魚」。由於體型龐大，行動靈活，人類並不容易捕獲牠們。直到第一次工業革命來臨

後，大量蒸汽帆船下海，才興起了捕鯨業。這個行業的從業者通常也捕捉小一號的海豚，只是因為並非主要產品才不叫捕豚業。

工業革命不僅帶來了更高的捕捉能力，對鯨魚也出現了更廣泛的需求。在電燈出現之前，西方城市的街燈普遍燃燒鯨油，因為它不易生煙。鯨油還是良好的機器潤滑劑，還可以用來製作唇膏等日用品。鯨骨製作成骨粉成為農業肥料，鯨皮用來製革。

當時，美國占據世界捕鯨業的 70％，沿海興起不少以捕鯨為業的小城鎮。文學名作《白鯨記》就是這個時代的寫照。進入 20 世紀後，捕鯨業的主力換成日本，他們還形成了食用鯨肉的習慣。直到今天，日本仍以科學研究為由繼續捕鯨。

中國在 1950 年代加入了捕鯨業。筆者小的時候還讀過一本漫畫，講的是中國捕魚船如何在海上作業。當時，捕鯨船都使用柴油機，配備壓縮空氣標槍和高壓蒸汽爐，從捕捉到提取全流程一體化。直到禁捕令頒布前，中國共捕捉到 1,600 多頭鬚鯨、數百頭虎鯨與海豚。

海豹和海象這些海獸遠離人類主要居住區，只有北極的因紐特人將牠們作為主食。後來，南方探險家紛紛北上，開始捕捉這些海獸。這些生長於北極地區的海獸，體內油脂和體表毛皮都比其他獸類豐富。

海牛肉吃起來類似牛肉，因此也成為捕捉目標。1930 年代至 1950 年代，各國捕捉了約 20 萬隻海牛。與牠們相比，海獺個頭很小，但因為毛皮珍貴，一度也成為捕捉目標。

進入 20 世紀，海獸獵手配備了現代槍械，導致海獸數量大幅度銳減。另外，石油產品逐漸替代海獸的油脂，除一些北極圈原住民外，其他地方的人都放棄了吃海獸的習慣，於是從 20 世紀中葉開始，各國紛紛頒布法令，禁止捕捉海獸。中國也將海獸列為保護動物，有些地方還為牠們建立起自然保護區。

作為哺乳類，海獸的學習能力超過其他海洋動物。所以，有人利用海獸來表演。另外，還有少數海獸被訓練作軍事用，完成偵察和布雷等任務。

如果僅限於此，海獸幾乎不能算成一種資源。不過，海獸易於訓練的天性，使得人類嘗試著將牠們馴化，建設海洋牧場。以藍鯨為例，牠們在斯里蘭卡附近海域已經形成了固定的洄游地，近似於半牧養狀態。而飼養鯨的目的也不再是油和肉，而是鯨奶。雌性藍鯨每天能產數百公斤高脂奶，只是由於難以獲取，這方面進展比較緩慢。

海洋微生物資源

地表絕大部分黃金不在陸地上，而是溶解在海水裡，據估算有 1,000 多萬噸。據世界黃金協會統計，到目前為止，

人類在陸地上已開採出約 19 噸黃金，剩餘的探明儲量也只有 5 萬多噸。

　　現在，人們已經發明出從海水中提煉黃金的吸附帶，當海水流過吸附帶時，黃金以離子形式被吸附在上面。每隔一段時間取下吸附帶，便能提取出上面的黃金。這條神奇的吸附帶，靠的就是用遺傳工程改造過的海洋微生物。

　　由於不能直接充當食物，海洋微生物只有工業用途，這也是人們對這些小傢伙不熟悉的原因。海洋微生物的一個重要用途是生產低溫酶。陸地來源酶多在高溫環境下產生作用，人類使用酶進行發酵，都要保持一定的溫度。而海水，特別是不見陽光的深層海水是低溫環境，南北極地區更是典型的低溫環境，90％的海洋微生物都是嗜冷微生物，生活在這些地方的大型海洋生物，其體內的酶也要在低溫環境裡運作。目前提取到的某些海洋低溫酶在零度環境中仍然能發揮作用。

　　工業上使用普通酶一般都需要加熱，以促進酶的活性，使用低溫酶的好處就是節省了這些燃料。工業上使用酶作催化劑時，經常會滋生其他無用的甚至有害的微生物。如果產品是食品，製成後還要進行高溫滅菌，以避免汙染。如果使用低溫酶，在低溫環境下進行發酵，那些有害微生物就不容易伴生。到目前為止，低溫酶的使用還處於實驗階段，但其有著廣闊的應用前景。

　　有些海洋生物附著在船舶和人工設施表面，導致船體、設備汙損。為清除這些生物，以往一直使用有機金屬防汙劑。由於這些防汙劑對海水有嚴重汙染，現已陸續被禁用。作為替代品，人們從海洋真菌裡提取天然產物來清除海洋汙損生物，這是海洋微生物的又一個用途。

　　生產天然產物除草劑是海洋微生物的另一重要用途。雜草每年導致糧食減產約 34％，為了清除它們而生產的除草劑，約占化學農藥使用量的 70％，這些除草劑都有不同程度的毒副作用。中國農業科學院菸草研究所已經從海洋真菌中提取出有除草效果的生物化合物，並開始實用性實驗。

　　從宏觀角度講，海洋微生物還對抑制溫室效應有重要作用。我們來到海邊，會聞到一種特有的海腥味，那是二甲基硫化物的氣味。它也是典型的氣候冷卻氣體，可以增加大氣中的雲滴，阻止陽光透入，讓大氣降溫。

　　最初，人們認為二甲基硫化物產生於海草。中國、英國和紐西蘭的一些海洋學家研究顯示，沿海海泥中的微生物才是二甲基硫化物的主要來源。如何利用海泥為地球降溫，是海洋科學的又一前沿課題。

醫藥寶庫

　　提到海洋生物的用途，讀者通常會聯想到吃。其實海洋生物和鹽一樣，主要用途也正在從餐桌走向工廠，其中一處

就是製藥廠。

1930 年代，世界上誕生了第一種海洋藥物，名叫阿糖胞苷，是美國耶魯大學科學家從海綿體內提取的，用於治療白血病。從那以後，各國科學家研究了 3 萬多種海洋生物的藥用價值，「向大海求醫問藥」已經成為重要的研究目標。

海洋裡細菌含量多，各種大型生物之間還會互相捕食，這種惡劣環境刺激著海洋生物發展出各種化學防禦方式來保護自己，這是牠們具備藥用價值的原因之一。

鱟是海洋藥用動物的典型，牠的血液呈藍色，遇到入侵細菌就會凝固，以防止進一步感染。醫學上就將鱟血作為試劑，可以檢測溶劑中極微量的細菌內毒素，大大提高了檢測效率。獲取鱟血並不需要殺死鱟，而是用類似抽血的方式獲取，然後再將活體放歸大海。

中國海洋藥物發展較晚，但追趕勢頭強勁。1985 年，中國海洋大學管華詩院士就從海藻中提取出抗腦血栓藥物。2019 年，中國科學家研製的「甘露寡糖二酸」獲得批准上市，功能是治療阿茲海默症，這是世界上第一種治療該疾病的海洋藥物。

弗萊明（Fleming）發現青黴素的故事，相信大家都知道。人類從青黴菌中提取出第一種抗生素，大大抑制了傳染病。青黴素和隨後發現的各種抗生素至少使得人類的平均壽命提高了 10 年。

目前的抗生素大都取自陸地微生物，那麼，能否從海洋微生物中提取抗生素呢？由於海洋裡營養物質相對缺乏，一些海洋微生物往往會產生強烈的抗菌性，用來抑制其他微生物的生長。所以，海洋微生物也是抗生素的潛在來源。

科學家已經觀察到海洋放線菌發酵液有明顯的抑菌作用，透過篩選，科學家找出抑菌作用較強的菌株並進行測定，這些菌株有潛在的開發應用前景。2017 年，中國第一種以海洋微生物代謝產物為原料的抗生素「怡萊黴素」，在廣東省海洋藥物重點實驗室開始研發。

海洋微生物酶的作用機理與陸地來源酶有很大差異，從海洋微生物裡可以提取到酶抑制劑，可以抑制某些陸地微生物蛋白質的合成，這對治療癌症、愛滋病和血栓等疾病都有潛在的意義。中國科學家已經在上海附近的海底沉積物中找到一些陽性菌株，並從中提取出酶抑制劑。

雖然研究了成千上萬種海洋生物，發現了不少藥用成分，但是很多成分含量太低，如加工 600 公斤海綿，才能提取出 12.5 毫克治療乳腺癌的成分；1 噸加勒比海鞘，才能提取約 1 克抗腫瘤藥物。這種低含量的現狀限制了海洋藥物的產業化。

還有一個瓶頸，就是須將海洋生物弄到岸上才能進行加工提取。有些海洋生物會在途中死亡，有些只能冷凍運輸，很多活性成分會在運輸過程中喪失。

所以，海洋生物製藥業有可能前移到海洋上，並與養殖業相結合。由於製藥的設備不用占很大面積，產品附加價值又高，有可能像海產加工船那樣建造出專門的海洋製藥船，讓這些藥物直接在海洋上生產。

生質能源

過去農家燒的柴草，如今有了一個高級時尚的名字——生質能源，它們年年可再生，並且燃燒時排放的二氧化碳是它們生長時從空氣中吸收的，不會增加溫室氣體的總量。所以，人們希望生質能源能替代從地下開採出來的化石能源。當然，不是像過去那樣直接燒柴草，而是轉化成電力、工業酒精或者生物柴油。

美國玉米和巴西甘蔗都是目前生質能源的重要原料。然而中國缺乏耕地，要做生質能源，就得在耕地之外打主意，其中一個方向就是海洋。

首先是「鹽土農業」，就是在海岸帶上高鹽高鹼土地裡發展起來的農業。人們曾經試圖在這些地方種植食用作物，但是土地鹽分高、毒素也多，種出來的作物食用價值有限。但如果種能源類植物，就不存在這個問題。互花米草是首選品種，它曾經作為固堤植物在中國海岸帶上被大量種植。上海崇明島就曾經大量引種，以致當地隨處可見這種植物。互花米草可以完全使用海水澆灌，它的光合作用效率極高，一

畝地最多可產 3,000 多公斤！現在，人們用它製造紙漿，再用造紙廢液生產沼氣。

美國能源部在加州沿海海底種植巨藻，用來提取天然氣，成本只有傳統工藝的六分之一。同時，巨藻還可以生產鉀肥。由於巨藻成「林」，當地魚類和貝類產量也隨之大增。

不僅可直接提取燃油，瑞典烏普薩拉大學的科學家還用海藻中提取的纖維素製成一種電池，可以在幾秒內完成充電。這種電池的功率明顯小於鋰電池，但已經能夠用於小型無線電裝置。

海藻送到燃料工廠後，要乾燥後才能壓榨，製作時間長，乾燥過程也需要消耗能量。美國能源部實驗室把海藻打成漿，送入化學反應器，再經過加工，生產出航空燃料，一小時就能提取到原藻油，比用烘乾工藝節省了很多時間。

微藻也是能源材料，1 平方公里微藻每年可固定 50,000噸二氧化碳，是清除溫室氣體的重要力量。

目前，科學家正在研究將火力發電廠排放的二氧化碳用於養殖海藻，同時達到燃料生產和減少二氧化碳排放的雙重目標。

微藻還可以用於製造生物柴油，轉化效率是農作物秸稈的 1.6 倍。同時，養殖微藻還可節省大量土地和淡水。目前用於燃料生產的微藻叫做「工程小環藻」，是基因工程的產物。在實驗室環境下，工程小環藻中脂質含量可達 60%，戶

外條件下也可達 40％。相比之下，花生的脂肪含量也不過 40％～ 50％。工程小環藻沒有食用價值，養殖就是為了製造生物柴油。

21 世紀前，研究藻類能源的只有美國和日本，中國在最近 20 年才加入這個行列。不過，中國早就是全球頭號海藻生產國，在養殖和加工方面頗具規模。目前微藻領域的專利數量，中國科學院、北京清華大學和新奧科技發展有限公司為全球三甲，中國發展藻類能源的潛力龐大。

海洋遺傳資源

1977 年，美國「阿爾文號」深潛器在大洋底部發現了噴出的熱液，以及圍繞熱液生存的很多奇特生命，人類從此見識到一個奇特的生物圈，它完全不依靠陽光，而是以地熱為能源，於是贏得了一個綽號 ——「黑暗生物圈」。

這些海洋生物生活在攝氏上百度的海水裡，相當於承受著幾百個大氣壓的壓力，經年累月，體內形成了可抵禦惡劣環境的生化物質。這些海洋生物耐高壓、耐高溫、耐飢餓，具有抗毒性。因為這些特性，牠們有著潛在的藥用價值。

不過，科學家並非要大規模捕撈這些稀有生物從牠們的身體裡提取藥物，而是只捕獲少數樣本，提取其基因，用來改造其他生物。這就形成了深海中的一種獨特資源 —— 遺傳資源。由於不需要大面積捕撈活體，獲取海洋遺傳資源並不

影響這些海洋種群的生存。

　　海洋遺傳資源不同於以上各種海洋生物資源，它的直接產品不是物質，而是智慧財產權。只有科學研究基礎雄厚，並且智慧財產權交易發達的國家，這種資源才有用。全球很多國家都有漁民可以捕魚撈蝦，但是海洋遺傳資源開發這場「遊戲」，全球能參與的國家不超過 10 個。

　　中國科學家在沒有深潛器的時代，只能租用國外深潛器到達洋底，當時也進不了這個「俱樂部」。現在，中國深潛器已經到達馬里亞納海溝，有能力涵蓋所有洋底，調查研究海洋遺傳資源成為它們的一項重要任務。單純從專利數量上看，中國在海洋遺傳資源方面已經位居世界第三，排在美國和日本之後。

　　在中國做海洋遺傳資源研究，一定要知道徐洵這個名字。這位出生在福建的女科學家是該領域的先驅者。早在1980 年代，她就從棘皮動物中複製出名叫「Fibrinogen」的同源基因，這是科學史上第一次從海洋低等生物中複製到人纖維蛋白原的原始基因。

　　1990 年代初，徐洵創辦起中國第一座海洋遺傳基因實驗室，並在那裡完成了中國第一個擁有自主智慧財產權的海洋工程菌。正是在徐洵和她的許多同行的共同努力下，中國在海洋遺傳資源領域始終緊跟國際前沿。

　　不過，海洋遺傳資源主要位於公海海底，法理上不屬於

任何國家，而是人類共有財產。如果一些國家先拿它們去賺錢，那些參與不了這場「遊戲」的國家便會有意見。所以，目前國際上圍繞海洋遺傳資源正在展開法律上的較量。已開發國家有高科技公司，希望先到先得，開發中國家不能直接開發這筆資源，希望形成補償機制，而科學界則希望擱置爭議，對海洋遺傳資源先研究起來再說。所以從 2006 年開始，由聯合國牽頭，對這個問題進行了多輪談判，在形成解決辦法之前，海洋遺傳資源還只具備潛在價值。

第五章　海洋工業

提到工業，人們就會想到寬大的廠房和高聳的設備。由於工業規模都很大，人們不敢設想把它們搬到海洋上去，更難想像這些海洋工廠可能成為工業的主流。

這一變革已經開始，即將在本世紀內完成。下面，就讓我們看看今後在這個領域會發生什麼變化吧！

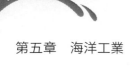

陸上海洋工廠

現如今，人類工業體系仍然以陸地為主。幾千年間，海洋除了航運和小規模的漁獵，就只形成了鹽業這一種工業。然而，大規模的新型海洋工業正在興起，未來工廠本身更有可能建到海面上去。

當然，我們首先要介紹的仍然在陸地上但是全部原料都來自海上的那些工廠，或者以海洋為主要目標的製造業。

以鹽為基礎的工業屬於海洋化工，是海洋工業的重要部分，以海水、海鹽和海藻等為原料。這類工業產品遍布我們周圍，很多產品並不能看出其海洋的痕跡，比如甲殼素紡織品，還有貝殼粉塗料。

為海洋開發提供裝備，是比鹽業更早產生的海洋工業，主要內容就是造船。從下水到拆解，一艘船的全部壽命都在海上完成。在手工業時期，中國曾經建造過世界上最大的遠洋船隻，那就是鄭和寶船。中國船隻總噸位曾經全球無雙，第一次工業革命後，中國造船業曾一度落後，但在 2011 年中國又重新上升為世界第一。2021 年，中國造船業完工量占全球總完工量的 48.4%。

在船舶之外，為各種海洋工程製造部件成為新興的海洋製造業。如海上風機或者跨海大橋橋梁部件有數千噸重，不亞於中等船隻的品質。

幾千年來，海產品都由漁民自行加工，方法只有風乾或

者鹽漬等。現在，漁民會把海產品出售給新興的海洋食品工廠。山東榮成自古就是漁業小城，從 1990 年代起，榮成人就開始用工業化方式加工海產品。當地傳統的鮁魚和海帶，都是食品工廠的主要原料，甚至在鮪魚這樣一個在中國沒有消費傳統的魚類上，榮城居然有全球規模第一的加工廠。

在不久的將來，一個新領域會加入海洋產業，那就是海洋礦物的浮選。一旦人類從海洋中開採出錳結核、富鈷結殼和多金屬軟泥，須先將它們粗加工成適合冶煉的形狀。每次把幾萬噸礦物運回海邊，還要堆積浮選後的廢料，遠不如在大洋開採點上直接浮選，然後運回礦物，再把廢料原位傾倒更經濟。

目前，海洋工廠幾乎全都建在陸地上，這就產生了運輸問題。與設備相比，原料的品質無疑大得多，把原料從海上運到陸地上再加工，還是把設備搬到海上生產，顯然後者的運輸量要小得多。有些以海洋生物為原料的工業需要新鮮原料，而且越新鮮越好。

就產品品質而言，有些海洋產品的品質與原料相比壓縮不多，但是如海洋製藥，還有從海水中提取金、鈾和鋰等，成品品質還不如原料的萬分之一，與其把原料運入工廠再提取有用物質，不如直接在海上提取。要實現這個目標，一是設備體積必須縮小，二是海上製造平臺必須擴大。當兩者達到平衡後，一座座陸地上的海洋工廠就會下海遠航、追逐資源。

海洋工程

2018 年 10 月 24 日，港珠澳大橋正式通車，刷新了包括總長度、最長沉管隧道等多項世界紀錄。港珠澳大橋是海洋工程領域的重大突破。

理論上講，任何建築主體位於海面上的工程都稱為海洋工程，它們的共同特點是有相當一部分需要在海水下面施工，這就需要以對海洋的認識為前提。跨海大橋因為是公共設施，容易為人們所熟悉，而海上倉庫、海底倉庫、海底電纜等，人們平常看不到但它們卻在發揮著重要作用，全球網際網路的重要幹線中很多是海底電纜。前面介紹了很多海洋無機資源和有機資源，它們大多需要海洋工程參與其中才能達到合理利用的目的。

如果從位置來看，海洋工程多半是從陸地延伸到海面，或者與陸地有輸電、交通等方面的連接方式的，這是人類跨越海岸線的第一步。在海洋上建機場是缺乏土地時的一種選擇。1980 年代末，日本大阪關西國際機場完工，成為全球首座人工島機場，如同《機器島》（*L'Île à hélice*）中描寫的那樣，它由大量鋼箱拼接而成。馬爾地夫首都附近的海上機場，更成為該國的生命線。澳門國際機場是全球第二個完全靠填海建造的機場。大連金州灣國際機場正在建設中，有望成為全球最大的海上機場。

海上風機是最近爆發性成長的海洋工程，由於要建造在

十幾公尺到幾十公尺深的海水裡，海上風機必須用沉箱來固定，這些沉箱有的重達上千噸。風機在海上建造的成本比陸地上要高得多。

在海底建設倉庫是海洋工程的新領域。這些倉庫遠離居民區，可以用於儲存易燃易爆品。挪威就在海洋油田附近建造了坐底式油罐，直接把石油存在海裡。美國也在波斯灣附近離岸 100 公里的海上建成貯油罐。

以海上鑽井平臺為例，它是海洋工程裝備領域的皇冠，集各種海洋工程技術於一身。中國自產的海上鑽井平臺已經能在全球 95％的洋面上工作，並且能抵禦 12 級大風。做工程建設必須有裝備，海洋工程更是對裝備的比拚，截至 2018 年，中國已經占據國際海洋工程裝備市場的 45％，排在後面的是韓國和新加坡。如果以噸位來計算，最大的海洋工程裝備還不是鑽井平臺。早期，有些大企業在油價低迷時，直接用郵輪儲油，並讓其漂浮在海面上，一艘郵輪的儲油量可達幾十萬噸。但這還不是專業儲油裝備，現在人們已經開發出 FPSO 設備，即浮式生產儲油卸油裝置，是海上開採和儲存油氣的綜合設備。

2019 年，中國生產了一艘 FPSO，既能採油又能儲油，其噸位達到了遼寧艦的 6 倍，表面積相當於 3 個足球場的面積。這座平臺既能處理石油，又能處理天然氣，堪稱「海上油氣工廠」，目前已經交付給巴西使用。

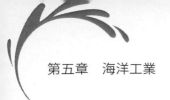

　　所有這些海洋工程或透過線纜或透過公路與陸地相連，或其本身離岸不遠。它們是人類跨越海岸線的必要步驟。

耕海牧洋

　　在大海上種植和放牧，聽起來像是某種新型農牧業，但是它的大部分產品不直接銷售給消費者，而是作為原料提供給工廠。海洋養殖從一開始就採用工業化規模生產，主體往往是企業而不是漁民，這使其具有工業屬性。

　　巨藻是海洋養殖中產量最大的一項。雖然巨藻外形類似海帶，但是其體型要比海帶大得多。海帶通常能長到 2 ～ 3 公尺，而巨藻可以長到 70 ～ 80 公尺！巨藻直接吸收海水中的營養，生長迅速，一天可以長幾十公分。如果溫度適宜，每 3 週體型能擴大一倍。這樣的生長速度，使其成為世界上生長最快的植物之一。潛水夫站在巨藻中間，彷彿置身於森林之中。由於體型粗大，巨藻很少用於食用，而是用作工業原料，加工成各種膠類和糖類。用巨藻生產天然氣，是它未來的重要用途之一。「棄陸向海」是本書的一個中心思想，某種陸地資源如果海裡也有，就爭取用它來代替陸地資源，以恢復陸地生態。巨藻將是化石能源的重要替代品。中國科學研究人員已經發明出潛筏式養殖技術，將巨藻的苗繫在潛筏上沉入海底，或者繫在潛繩上養殖。巨藻生長迅速，一年可以收穫 3 次，畝產可達幾十噸。

魚、蝦、蟹、貝這些海洋動物，是海洋養殖的另一個重點。特別是 20 世紀中葉海洋漁業資源發生枯竭，沿海各國都宣布了專屬經濟區，遠洋漁業受到限制，人們便改捕為養。其實，這只是人類對陸地動物做法的延續。在陸地上，人類吃了幾十萬年「野味」，才開始有了畜牧業。

　　海洋養殖的技術水準也在不斷提高。以前，人們把捕撈中無法直接食用的小雜魚加工成飼養，投餵大型魚類，這同樣是對海洋漁業資源的消耗。如今，人們已經可以把昆蟲和藻類加工成魚飼料，用以代替小雜魚。養殖比捕撈的技術層次更高，各國幾乎都是先捕後養。中國也曾經在近海大量捕撈，到 1970 年代近海漁業資源面臨枯竭。從那時起，中國開始推動海洋養殖，現在中國已經成為全球海洋養殖王國，產量已經占到全球總產量的三分之二，並且品種更齊全。其他發展海洋養殖的國家只有幾個優勢品種，如挪威的鮭魚。中國有接近三分之二的海鮮為養殖品，遠高於全球平均水準。

　　英國科學家的研究顯示，全球有 1,100 多萬平方公里海域能夠養魚，有 150 萬平方公里能夠養殖貝類。如果把它們全部用於養殖，海鮮數量會達到今天的 100 倍！由於世界人口已經接近頂峰，對食物的需求不會高到這種程度，所以在食物上「以海代陸」可能很快就可以實現。

　　如今，人類所食用的陸地動物的肉幾乎全部來自畜養的動物。海洋養殖雖然經過了幾十年的發展，但其產量仍沒達

到海產品總量的一半。未來十幾年，全球海產品的供應量會翻倍，其主要增量來自海洋養殖業。

海上食品加工

前面講過，深海魚有可能是人類未來重要的蛋白質來源，然而深海魚雖然營養豐富，但和人類習慣食用的魚類相比，牠們長得奇形怪狀，不僅賣相差，而且人們也缺乏相關的加工技巧。

另外，雖然陸地上專門加工海產品的工廠有很多，但原料需要從海洋裡運回來，加工產生的廢棄物也要找地方安置。綜合這些問題，人們一直在研究如何製造特種船隻，在海上直接加工捕撈品。

最早的海產加工船專門用於加工鯨類。鯨個體龐大，無法整體冷藏，捕撈後必須馬上加工。蘇聯製造過 392 型捕鯨母船，長達 200 餘公尺，噸位超過 30,000 噸，相當於第二次世界大戰時航空母艦的噸位。這種海上工廠可以續航 25 天，長期在海中作業。鯨由捕鯨船拖到母船身邊，再吊運到甲板上進行處理，變成魚油和魚粉等初階產品，然後進入冷藏庫。

捕鯨被禁止後，這些專門的加工船報廢，代之以漁業母船。漁業母船在大海上接受漁獲物，並將其加工成冷凍魚、罐頭、魚粉和魚油等，總計可達 700 多個品種，堪稱小型海

上工廠。

　　1971 年，蘇聯還建造了人類歷史上最大的漁船，取名「東方號」，其排水量高達 43,400 噸，相當於一艘小型航空母艦。「東方號」本身攜帶有小型捕魚船和中型拖網漁船，還有用來搜尋魚群的直升機，這使其更像一艘漁業母艦。到達作業位置後，「東方號」會放下這些小漁船進行捕撈，而其本身仍以加工為主，每天生產十幾萬罐魚罐頭。船上不光有冷藏庫、起重機這些必要設備，還有電影院和醫院，儼然一個小型社會。這艘船有超強的續航能力，可以到達世界各大漁場，進行持續幾個月的作業。

　　2012 年，海南寶沙漁業有限公司引進了一艘海產加工船，堪稱是中國最大噸位、最高水準的「漁業航母」。它的噸位達到 3.2 萬噸，近 600 名工人在 4 個廠房裡工作，可以在海上連續作業 9 個月，加工能力高達每天 2,000 噸。

　　全球漁船有 400 多萬艘，其中絕大部分都是十幾公尺長的小船，缺乏冷藏、加工能力，只能在近海作業，捕撈後須迅速返回，並將漁貨賣給陸上加工廠，其結果便是近海漁業資源的枯竭。如果這些海產加工船可以常駐大洋深處，就可以就近放出小漁船進行遠海捕撈。

　　隨著經濟效益的提高，海產加工船有望越造越大，最終形成綜合性大洋漁業基地。每艘船的排水量超過 10 萬噸，並配備核動力，除了加工漁獲物，還能製造淡水，為小漁船提

供燃料、食物和淡水補給，甚至還能建文化娛樂設施，服務遠洋漁民。每艘這樣的巨輪可輻射上萬平方公里海域，從而帶動一大批漁船作業。

遠島開發

西元 1722 年，荷蘭探險家雅可布·羅赫芬（Jacob Rog-geveen）將太平洋上的復活節島納入世界視野。當時島上人煙稀少，但卻有很多巨像，這意味著島上曾經有很多人口。後來的研究顯示，島上最多時有 17,000 餘人，但是西方發現這裡時，只剩下兩、三千人。

無獨有偶，考古學家在塔斯馬尼亞島進行考察後發現，人類 4 萬年前就曾踏上這個島，但是由於海平面上升，塔斯馬尼亞島與澳洲隔絕，留下的原始人類不僅沒有進步，反而倒退回更早的技術水準，甚至連捕魚技術都忘記了。海洋上很多島嶼都形成了人類社會，但由於與世隔絕，成為現代文明中的孤立地區。雖然一般不會像上面這兩個例子那樣極端，但是它們遠離人類工業中心地帶，經濟相對落後。近些年來，這些島嶼靠旅遊業有了一定的收入，但是工業品幾乎全部需要從外界輸入。

以南太平洋為例，如果除去和印尼有陸上通道的巴布亞紐幾內亞，便只有 200 多萬人，這些人散居在比中國還大的海域裡，除了鮪魚等極少數資源，當地經濟只能靠旅遊業支

撐。然而，一旦海洋成為人類下一個開發目標，這些海島反而會成為前哨站。

當深海錳結核開採形成規模後，與其把它們千里迢迢運往各地，不如在附近島嶼上建設冶金廠，加工成成品後再運輸，這樣更經濟。海島冶金廠也不再是占地廣闊的大型金屬聯合企業，而是以電爐冶煉為主的企業，透過高級金屬產品獲益。

海島漁業目前以捕撈為主，日後可以在淺灘處建養殖場，對海藻和海魚進行養殖。當地原本有的食品加工規模會進一步擴大，以養殖品為主要原料加工食品，然後運往內陸地區。為了支撐工業，海島將興建大型發電設施。很多島嶼是露出海面的海山，附近沒有平緩的大陸架，溫差發電廠和洋流發電廠可以建在離海島很近的地方。此外，為支持工業發展，當地已經有的海水淡化業都會擴大。

海島中有不少無人島，深海工業發展起來後，這些無人島會被利用起來，成為危險品儲存庫、轉運站，或者救援基地。一些體積小、運輸壓力小的原料和產品加工工廠可能會從內陸遷移，進入無人島。

海島人煙稀少，缺乏技術人才，需要從內陸引進大量工程技術人員，從而刺激當地居住設施的發展。這些島群中仍有不少資源沒有開發，這些資源將成為配套海洋工業的小型居住中心和療養中心。

由於海洋工業具有高科技、高附加價值的特點,海洋工業從業者收入高,帶動經濟的能力強。當幾十萬內陸人員湧入海島,會帶動當地的經濟發展。

隨著海洋工業的進一步發展,科學研究院所和高水準大學也都會在海島上興建,海島將從人類「後花園」一躍成為工業前沿陣地。

超大型浮體

到目前為止,我們談到的海洋工業都以「據陸向海」為原則,它們主要在陸地上,只把其中某些生產環節移到海上。其工作人員平時生活在陸地,工作在海洋,儘管可能要工作一年半載,但他們仍然把陸地當成家園。

陸地上早就建成全套的生活設施,住宅、學校、醫院、購物中心、娛樂設施一應俱全。目前的海洋工業雖然能為陸地賺錢,但還無法支撐完整的海上社會。比如從海水中提取鈾這類技術,在實驗室裡早就成熟了,但是一直沒有工業化應用,因為單獨製造和營運鈾提取船缺乏經濟效益。如果把各種性質的海洋工廠集中在一艘超級巨輪上,從海水中提取鈾只占用其中幾個廠房,那就具有經濟效益了。

要實現這些目標,必須擁有比船舶和鑽井平臺大得多的人造空間。第一種設計便是超大型浮體,它來源於凡爾納科幻小說《機器島》。在小說中,機器島由一系列鋼箱連接而

成，每個鋼箱的面積有 100 平方公尺，一共 26 萬個這樣的鋼箱，機器島的總面積達 26 平方公里。機器島的兩側各有上千萬馬力的巨型蒸汽機提供動力。

1924 年，美國學者阿姆斯壯（Armstrong）正式提出超大型浮體計畫，並以建立海上機場為目標。當時的飛機續航能力低，需要中途補給。人多地少的日本則把超大型浮體當成陸地的延伸，打造海上機場、浮動碼頭、石油儲存庫和垃圾處理場等。韓國的「首爾漂浮島」也是依託陸地的超大型浮體，總面積達 9,905 平方公尺，是一處旅遊設施。以上這些都是全人工產物，而不是吹沙填島，或者圍海造陸，這些設施整體浮於水面，已經有了超大型浮體的雛形，但它們都還沒進入深海大洋。

建造超大型浮體相當於在海洋裡做工業園區，它會以深海礦產提取和冶煉為主業，兼備海洋漁產加工、陸上工廠轉移、臨時倉儲、海洋科學研究、火箭發射等多種功能。如果面積足夠大，還會有一部分專門用於建設防疫隔離醫院、療養院和旅遊設施等。作為配套設施，則還有海洋發電廠、海上機場、移動碼頭等。這類超大型浮體將成為人造微型航運中心。

除了海洋強國，超大型浮體還是內陸國的福音。公海在理論上屬於所有國家，但是內陸國沒有出海口，享受這種權利時有障礙。一些內陸國家如哈薩克和衣索比亞，都有一定

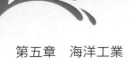

的實力，可以建造自己的超大型浮體，終日在大洋上巡航，相當於新國土。

▌半潛式浮城

　　1977 年，「007 系列」推出了一部冒險電影《007：海底城》（*The Spy Who Loved Me*），大反派斯通伯格（Stromberg）企圖毀滅地表上的人類，在海底重建文明。這是海底城市題材的巔峰之作。此外，海底城市的構思還以配角的形式出現在各種科幻片當中，比如《星際大戰首部曲：威脅潛伏》（*Star Wars:Episode I-The Phantom Menace*）和《無底洞》（*The Abyss*），科幻小說中就更多見了。

　　所有這些作品不約而同的讓海洋城市坐落在海底，可能是出於劇情需求，讓它們藏在隱蔽的地方，也可能只是受到傳統思維的束縛，以為只有踩在實地上才能生活。現實中建設海底城，意味著要承受強大的水壓，所以真實的海洋城市都使用半潛式設計。

　　同樣想在海洋中擴展使用空間，超大型浮體是在平面上延展，而浮城方案則是在垂直方向上延展。它的水下部分大於水上部分，從而保證重心始終位於水下，不至於側翻。不過，由於深入水下只有數百公尺，並不需要抵抗過強的水壓，內部可以建造得很寬大。這樣的浮城像是倒立在海中的摩天大樓，人員和物資都透過水上部分運進運出，再透過內

部電梯進入水下部分,不需要增加新的潛水設備。水上飛機、各種氣墊船或者大型船隻都可以接駁轉運。

由於要在垂直方向上增加體量,半潛式浮城的水下部分阻力增加,不便移動。所以,這類浮城更像超級鑽井平臺,平時很少移動,如果要移動,需要拖船拖拽。同樣,由於位置相對固定,這類浮城可以使用溫差發電和洋流發電,並且把規模做得很大。比如,可以將葉輪擴大到直徑 10 公尺以上,橫排放入洋流中。雖然機動能力不如超大型浮體,但如果遇到熱帶風暴,半潛式浮城還可以臨時潛入水下進行躲避。

雖然目前還沒有一座半潛式浮城建起來,但各國設計家已經提供了不少方案。日本設計的「海洋螺旋」城市每個可容納 5,000 人,用樹脂材料建設,並且使用 3D 列印技術製造部件,生活所需能源則來自溫差發電。馬來西亞設計的「水中刮刀」也是倒立的摩天大樓,它可以伸出「觸角」,供海洋生物棲息。澳洲設計的「旋轉城」倒掛在海面上的一個「十」字形浮體下面,輪船則停靠在十字浮體形成的港口中,下面是 400 公尺深的浮城。

建造半潛式浮城,並不超越現有的技術條件,只是要把不同領域的技術集合在一起,形成品質的突破。目前,這些設計中的浮城都以旅遊觀光為目的。現實中,以旅遊為主業的杜拜和斐濟也都實際建造過小型半潛式酒店,可惜都成了

海洋「爛尾樓」。實踐證明，僅靠獵奇概念建造浮城都不可行。浮城的真正用途是成為科學研究基地或者海洋工廠。

在陸地上發展工業項目，往往涉及地產問題，海洋不存在占地問題，沒有產權糾紛，時間成本的節約非常可觀。

海上核電廠

海洋上會有很多新奇的發電方式，不過都還在實驗階段，如果要找一種現成的能源技術為這些浮城供電，並且能量密度還要足夠大，非海洋核電莫屬。

海洋核電並非新技術，核動力航空母艦與核動力潛艇的動力就來自核反應爐。如果轉為民用，這些小型核反應爐提供的電量可供幾萬人工作和生活。海上核電體量足夠大，能與陸地核電功率相仿，以為超大型浮體或者半潛式浮城供電。

核電是所有發電方式裡能量密度最高的。核電廠占用的土地主要用於建造防護設施，發電設施占地很少。海上核電廠遠離居民區，防護設施不複雜，其思路是把大型陸上壓水堆核電廠裝在船隻上，成為專用的核電船隻。陸地核電廠不能移動，選址過程十分複雜，海上核電廠不需要選址，哪裡有需求，就把發電船開到哪裡，接入當地電網就行。同時，核電也是目前所有發電方式中成本最低的。

每座陸地核電廠都要根據當地條件設計、施工，建設週

期往往長於火力發電廠和水力發電廠。大海完全不用考慮地形問題，發電船一旦定型就可以批量生產，大大簡化發電成本。由於優勢明顯，從 1963 年開始，美國人就把核反應爐放在舊船上進行商業發電。陸地核電廠受到社會阻礙時，以西屋電氣公司為代表的營運商曾經設想把它們搬到海上，再向城市供電，結果無疾而終。

俄羅斯已經從車諾比核災的深坑中爬出來，這幾十年專攻核電技術，尤其在海上核電方面領先。2019 年 12 月，俄羅斯製造的全球首座核電船「羅蒙諾索夫院士號」開始向楚科奇自治區電網供電，成為海上核電正式營運的代表。中國廣核集團有限公司從 2016 年開始，也在研製核電船。

展望未來，核電船的長遠目標並不是像陸地核電廠那樣為大型陸地城市供電，而是利用它的機動性，向交通不便的目標供電。楚科奇自治區位於人煙稀少的寒帶地區，單獨建設發電廠或者從外地輸電成本都非常高，核電船可解決這個問題。

在更遠的將來，核電船主要為海洋工業供電。海水淡化就是其中之一，它經常使用蒸餾法或者冷凍法，但無論哪一種方法都非常耗能；未來在大洋上建設的各種工廠，更需要功率大而體積小的發電設施，海上核電船有望在這些地方大顯神通。

超大型浮體使用核電，除了能源高度密集外，還可以同

時進行海水淡化。一座超大型浮體上有上萬人工作，所以必須有自己的淡水來源。俄羅斯的海上核電廠每天淡化 24 萬立方公尺的海水，已經達到中型海水淡化廠的規模。

陸廠遷海

　　第一批超大型浮體和半潛式浮城下海之後，能向世人展現其空間上的優勢，就會吸引大量資金入海，建造更多的浮體和浮城。當十幾座或者幾十座浮體和浮城在大洋深處正常運轉後，彼此之間便會形成網絡，進而分工合作，讓海洋工業體系的效率進一步提升。屆時，陸地上一些特殊的生產部門和社會服務部門，也有可能轉移到海上。首先便是危險品的生產和儲藏，包括易燃易爆物品和有毒化工產品。

　　最近幾年，天津港和黎巴嫩貝魯特港口發生了兩場大爆炸，舉世震驚。如果這些危險品儲存在海上，即使不慎爆炸，也不會和在陸地上一樣造成重大人員傷亡和財產損失。某些生產劇毒化工產品的企業，有可能整體進入海上平臺，它們不在深海大洋，而是在離海岸線幾千公尺附近的海面上，並且遠離繁忙航線和都市。將來，不僅海上平臺的體積在增加，隨著生產工藝的進步，各種工業設備的體積也在縮小，以便遷移到海上。

　　易燃易爆物品和有毒化工產品通常都是工業原料，而不是最終消費品，以它們為原料的工廠則會從內陸遷移到海濱

城市，以減少運輸壓力。這些危險品在海上生產、儲存，再由船舶運入港口，沿途不會對陸地居民造成影響。

礦產品的加工，傳統上以內陸為主，因為礦山基本都在陸地。隨著海砂礦和深海礦物提取量的增加，礦產品加工廠會陸續轉移到海上。如果在太平洋深處大規模採集錳結核，就近在大洋上冶煉，再把成品運回內陸，當然比把礦石運回內陸冶煉要節約成本。

專用防疫醫院也會建立在這些浮體和浮城上。以前雖然有醫院船，但沒有專門用於治療傳染病的船，那需要配備專用的負壓病房。現在，人們已經看到這類可移動的海洋方艙的價值。2020 年，中國船舶重工集團公司第七〇一研究所就接到任務，設計應急醫療救援船。這種船要對人員、物資、油料、空氣、廢物和廢水有全套醫療處置方法。

未來，在各種大型海洋平臺上會開闢出專門區域建設防疫醫院，透過飛機等運輸方式，快速轉移陸上各類傳染病患者，以把他們與其他病人和健康人群隔離開。海上平臺是純人工環境，隔離方式很容易實施。

國際組織也有可能搬遷到海上平臺。目前，全球已經有 6 萬多個國際組織，既有政府組織，也有民間組織；既有區域組織，也有全球組織。理論上講，這類組織需要在各國之間保持中立，但是陸地都已經有了歸屬，這些組織只能在各國領土上辦公，難免受到國際局勢的影響。海上平臺建立

後，交通以飛機為基礎，通訊以網際網路為基礎，辦公環境不會遜色於陸地。國際組織可以租用海上平臺，擺脫國土問題帶來的干擾。甚至，有經濟能力的國際組織可以自建海上平臺，比如建一座海上聯合國總部。這些機構原則上可以建在陸上，也可以建在海上，但未來的海洋平臺更能夠吸引其進駐。

海洋生態復原

隨著社會的發展，人們的環保意識也越來越強，任何全新的開發計畫都要把生態價值放在重要位置。所以，新興的海洋工業在起步時就會考慮生態保護。無論在能源供給、交通運輸還是原材料製取方面，海洋工業都有更高的技術起點，可以滿足更高的環保要求。

然而，過去 200 多年陸地工業的發展，本身已經對海洋生態造成了嚴重汙染。由於海水的流動性，這些汙染從江河入海口漂移到其他海域，有些已經到達大洋中央。

恢復海洋生態，已經提上了日程。但這項工作靠個人和手工勞動無法完成，必須投入科技力量。所以，恢復海洋生態本身就是海洋工業化的重要任務之一，必須要靠工業技術力量來完成。

讓我們從海岸線開始考察，海洋生態修復的第一步就是恢復濱海溼地。濱海溼地是陸地生態與海洋生態的交接處，

按照國際規定，其底線為海平面以下 6 公尺。紅樹林、珊瑚礁和海草床都是濱海溼地的典型生態環境。中國已經制定了相關法律，任何私人與企業未經國家批准，不能使用濱海溼地。

1980 年代曾經有一首廣為傳唱的歌曲，名叫《一個真實的故事》，講述了一個女孩為保護丹頂鶴，不幸在沼澤中遇難。這個女孩名叫徐秀娟，悲劇發生在 1987 年。她遇難的地點是江蘇鹽城國家級珍禽自然保護區，現在這裡已經劃入中國黃（渤）海候鳥棲息地，被列入《世界遺產名錄》，成為中國首個以濱海溼地為特徵的自然遺產。

在海洋中實施禁捕，讓某些海洋生物種群恢復數量，是海洋生態修復的又一項任務，鯨就是其中的代表。工業革命初期，鯨油用來製造燈油，點亮城市的街道，它在燃燒時不產生油煙，並且還是優質的機械潤滑油。在工業需求刺激下，捕鯨業成為一大行業。當石油取代鯨油後，這個行業從 20 世紀初開始衰落。國際捕鯨委員會更是自 1986 年開始停止商業捕鯨。中國在 1950 年代還裝備了機械化的捕鯨船在近海捕鯨。自 1981 年起，中國完全停止了捕鯨。

在全人類共同努力下，如今全球鯨群已經恢復到歷史較高水準。其他如鮪魚、大黃魚、小黃魚等資源，都由於禁捕或者限捕，恢復了往日的數量。

人工恢復珊瑚是海洋生態復原工作的另一項任務。珊瑚

生長緩慢，遇海水變暖，發生白化以後會大面積死亡。由於珊瑚是很多海洋生物的棲息地，珊瑚死亡，也使得以它們為基礎的微型生態圈發生衰退。如今，科學家已經發明了珊瑚栽種法，他們在海底鋪設好縱橫交錯的人工支架，再從活珊瑚上切下小塊，掛在這些支架上讓其緩慢生長，待達到一定規格後，再把它們移植到海床上，整個任務由潛水夫來完成。人工恢復珊瑚沒有收入，完全是公益行為。

第六章　海之災難

　　人類不是海洋動物，沒有技術保護，海洋對人類就是凶險之地。雖然海洋也是資源寶庫，但由於缺乏應付海難的能力，人類遲遲不敢大規模深入海洋。

　　由於趨海移動，人類越來越多的與海洋打交道。摸透海洋的「脾氣」，找到應付海難的辦法，是人類開發海洋的重要任務。

風暴潮

海洋既是天然寶庫，又是災難泉源，最常見的一種災難就是風暴潮。

「濁浪滔天，驚濤拍岸」描寫的其實就是風暴潮。如果以人員和財產損失來計算，風暴潮是威脅最大的海洋災難。當狂風吹起的海浪與正常潮汐相疊加，就形成了風暴潮。此時的潮位大大超過平時的潮位，導致災難。在學術上，風暴潮又被稱為「風暴增水」。

論原因，溫帶氣旋和熱帶風暴都是風暴潮的起因。颱風是因，風暴潮是果，並且風暴潮僅襲擊海岸線，與颱風本身有別。另外，雖然都是海水上漲導致的災難，但是風暴潮不同於海嘯，後者是由海底地震造成的。海底地震持續時間短，由此導致的海水上漲雖然很凶猛，但是轉瞬即逝。風暴潮卻可以持續數小時，乃至一天。

風暴潮直接襲擊海岸線。如果某地有河流入海，潮水還有可能倒灌入河，摧毀沿岸堤壩。風暴潮之所以能對人類帶來危害，一個重要原因就是有越來越多的人居住在海岸線一帶。康熙三十五年，也就是西元 1696 年，上海地區遭遇強大風暴潮，死亡十餘萬人，絕大部分是海邊以煮鹽為業的人。

1922 年，中國潮汕地區的一次風暴潮導致 7 萬多人死亡。這是中國近現代以來最大的一次風暴潮災難，死者基本都是沿海的漁民。

如荷蘭這類低地國家，人們在海岸線上圈地，建立大量居住和工業設施。一旦潮水內侵，就會帶來災難性後果。1953 年，強大風暴潮導致海水侵入荷蘭內地 60 多公里，死亡 2,000 多人，60 萬人無家可歸。

　　日本四面環海，風暴潮災難更是頻繁。1959 年的一次風暴潮導致日本 7 萬多人傷亡，這時的日本已經基本完成現代化，並不缺少基礎設施，但風暴潮仍然對日本造成了龐大損失。美國平均 4 到 5 年就有一次超級風暴潮災難發生。

　　孟加拉既是低海拔國家，又是人口高度密集的國家，還是開發中國家。1970 年的一次風暴潮造成該國 30 萬人死亡，是迄今為止風暴潮造成死亡人數最多的一次。

　　風暴潮災難頻發的另一個原因是海平面上升，海水不斷逼近人類居住區和工業區。要知道，海平面上升並非一個直線過程，它時快時慢，歷史上曾經有過每百年增加 1.7 公尺的高速度，也有幾十年不增加的情況。

　　當然，我們最關心 21 世紀海平面會上升多少，對此科學家仍有不同的估算。以吳淞口為例，從現在到 2050 年的上升幅度，各種估算值在 20 公分到 50 公分之間。英國布里斯托爾大學的班柏（Jonathan Bamber）教授認為，到 21 世紀末，海平面會上升 1 公尺。這意味著很多沿海城市至少有部分區域會泡在水裡，淹沒約 1.4 億人的家園。

　　海平面上升的直接危害就是加劇風暴潮。2005 年「卡

崔娜」颶風襲擊美國紐奧良市，就是典型的風暴潮災難。所以，如何預防風暴潮，將會是人類的一項重要任務。

強熱帶風暴

　　2009 年，一部名叫《超強颱風》的災難片登上銀幕，其記錄的就是 2006 年颱風「桑美」登陸後的情形。當時，「桑美」從浙江、福建登陸，溫州鶴頂山風力發電廠測到了每秒 81 公尺的陣風，是到目前為止中國最高的風速紀錄。這個速度已經達到超強颱風的標準。災難過後，浙江省政府為了普及颱風知識，特地打造了這部電影。除了記錄這場災難外，電影還回顧了 1956 年颱風「溫黛」在浙江省象山縣沿海登陸的場景。當時，僅在海堤上就捲走近千名軍人和民工，全縣共死亡 3,401 人。後來，當地為這場災難建了紀念碑。

　　「颱風」是東亞地區對災難性熱帶氣旋的稱呼，在美洲它被稱為「颶風」，在印度洋沿岸又被稱為「旋風」。三者產生原因都一樣，當海水溫度超過攝氏 26.5 度，便會有大量水汽蒸發到空中，形成氣旋。不過，一部分熱帶氣旋很溫柔，只有中心風力達到 8 ～ 9 級時才具有災難性，這時候它又被稱為強烈熱帶風暴。一般來說，只有赤道兩側的海面，才能被加熱到如此溫度。所以，這種氣旋基本都產生於熱帶，但是隨後便會向亞熱帶移動。真正承受強烈熱帶風暴打擊的，往往是亞熱帶地區。

在海岸線上造成風暴潮，只是強烈熱帶風暴帶來的各種災難之一。遠在海洋上，它們就能傾覆小型船隻。美國災難片《天搖地動》（*The Perfect Storm*），其背景就是兩次強烈熱帶風暴疊加後形成的超級風暴，全片都在講述一艘漁船在這場風暴中逃生的驚險故事。強烈熱帶風暴進入內陸後，仍然可以造成強降雨，摧毀各種基礎設施和民房。1970 年，颶風「波羅」侵入孟加拉，造成 30 萬人死亡，是當代史上最嚴重的風暴災害。

　　氣象衛星上天後，人類已經可以提前數日監測到熱帶風暴的形成。但由於某些國家基礎設施不完備，即使接到預警，仍然會遭受嚴重損失。2008 年，從印度洋上形成的強烈熱帶風暴「納爾吉斯」在緬甸登陸，一直深入到仰光，導致沿途 6 萬多人死亡和失蹤，半數國民遭到風災打擊。這是進入 21 世紀以後在一個國家傷亡人數最大的強烈熱帶風暴。

　　近年，由於海洋溫度上升，海洋攜帶的熱量更大，透過蒸發向熱帶風暴輸送的能量也更大，強烈熱帶風暴因此會持續更久的時間。以北大西洋的颶風為例，50 年前，颶風登陸後的第一天就會衰減 75％的能量，平均 17 個小時後就能減弱為熱帶低氣壓。現在，它們登陸後的第一天只能減少一半的能量，平均 33 個小時後才能衰減為熱帶低氣壓。

　　強烈熱帶風暴登陸後會邊旋轉邊推進，衰減過程變慢，意味著它們能夠比以前更加深入內陸，到達以前很少到達的

地方，那裡的人們缺乏應對熱帶風暴的機制，會帶來更大的損失。

大海嘯

2004 年 12 月 26 日，突如其來的海嘯席捲印度洋沿岸各國，最終導致 22.6 萬人死亡，是世界 200 年來死亡人數最多的一次海嘯。這次海嘯讓全人類都開始關注這種突發性的、並不常見的海洋災難。

相比於強烈熱帶風暴，海嘯發生的機率低得多，也由此導致長期缺乏海嘯預警機制。其實，印度洋並非海嘯發生率高的地區，全球 80％的海嘯發生在太平洋。2004 年的災難讓各國迅速完善海嘯預警機制，反覆進行海嘯預警演習。即使如此，2011 年日本大地震形成的海嘯，仍然導致 3 萬人死亡和失蹤。而日本相對於印度洋沿岸國家，技術水準要高出不少。

海嘯形成於海底地震、海底火山爆發，或者大面積的深海滑坡，它們會導致海面形成波浪。這些地質活動通常發生在遠離海岸線的地方，處於大洋底部。在大洋上，它們形成的波浪僅 1 公尺多高，很難引起船員的注意。只是當波浪推進到海岸線時，由於海底陡然變淺，浪高提升，才形成海嘯。這種強大的海洋波浪時速高達數百公里，幾小時就能穿越大洋，到達各地海岸。由深海地質改變釋放的波浪能，在

大洋上很少衰減，可以傳遞得很遠。2004 年印度洋大海嘯就傳到了斯里蘭卡，中間隔著數千公里。1960 年智利海嘯也穿越太平洋，傳到了夏威夷和日本。

歷史上死亡人數最多的火山爆發，要數西元 1883 年印尼喀拉喀托火山大爆發。其實喀拉喀托火山是一個島，上面居民並不多。火山爆發後，山體直接滑入海中，形成大海嘯。在 36,417 名遇難者中，大部分都死於後來的海嘯。與風暴潮一樣，當人類文明以陸地為主時，並不在意海嘯問題，只有大量遷居海邊，才會遭受海嘯的打擊。而且海嘯總是來得快，去得也快，讓人們來不及反應。由於這些原因，歷史上的海嘯記載遠不如內陸的洪澇與旱災記載得多。西元前 47 年的西漢時代，中國就記載了萊州灣海嘯事件，是世界上最早的海嘯記載。進入科學時代之前，全球海嘯記載只有 260 多例。

在廣東省南澳島上，一個科學研究團隊發現了強烈的水動力搬運痕跡。這裡有大量的宋瓷殘片和破損的宋代石臼，還有一艘代號為「南澳一號」的沉船。它們都是西元 1076 年海嘯災難的遺跡。從那以後，這個地方被廢棄了幾百年，直到明朝後期，當地經濟活動才恢復到海嘯前的水準。

不過，中國與太平洋之間隔著一條島鏈，它們阻隔了大部分海嘯災難。所以，中國不算是受海嘯威脅嚴重的國家。只有發生在琉球海溝或者馬尼拉海溝的地質災難所形成的海

嘯，才能對中國沿海造成較大影響。所以，中國一直對這些海域進行預警。

▌海冰災害

1912 年 4 月 14 日，英國郵輪「鐵達尼號」在北大西洋觸冰山沉沒。由於反覆見諸媒體，並被拍成電影，這個歷史事件大家已經耳熟能詳。但它所涉及的災難類型卻很少有人知道，那就是海冰災害，5 種主要海洋災害之一。

顧名思義，這種災難是由海上浮冰帶來的。由於冰山都漂浮在高緯度海域，像「鐵達尼號」這樣撞到冰山而沉沒的事件，歷史上並不多見。特別是有衛星監測海面之後，大型冰山的走向都能夠提前測報。

所以，大部分海冰災難是由海面封凍造成的。地圖上有個「巴倫支海」，是以荷蘭航海家巴倫支（Barentsz）的名字命名的。當年，他率領的探險隊被冰封在那片海域，困死在新地島，成為早期的海冰災難受害者。

1912 年，海船「聖安娜號」在北冰洋上被海冰封住，隨冰漂流長達兩年，船體徹底破損，最後被發現時，全船隻有兩人倖存。

隨著人類不斷向南北兩極拓展生存空間，船隻被冰面困住的災難便屢有發生。中國的「雪龍號」就曾經在南極附近被海冰圍困，由於救援能力不斷提升，當年巴倫支遭受的那

種災難沒有再發生。

現在，海冰對人類最大的影響在於近海。冰是「冷脹熱縮」的物質。長度 1,000 公尺的冰可以在冷凍過程中增加 0.45 公尺，看似很微小，但膨脹的冰足以擠壓海洋工程設施，導致其破損。如果大量船舶被封在冰層裡，強度不夠的船體也會被海冰擠壓。由於海洋工程規模不斷擴大，海冰導致的損失也在上升。

1969 年初春，渤海發生有紀錄以來最大規模的海冰，整整封堵了 50 天。一些客貨輪需要用破冰船去解救，中國港務局的觀測平臺也被海冰擠倒，海洋石油鑽井平臺被海冰割斷，造成大量財產損失。當時，軍隊出動飛機向冰層投放炸藥都沒有將海水炸開。

近年來，由於海水養殖規模不斷擴大，海冰對該行業的危害也開始受到重視。2010 年渤海與黃海發生海冰，導致當地漁業損失 10 億人民幣。不過，海洋冰封的時間和位置相對固定，運輸船隻和漁業船隻會提前躲避。今後主要的受災對象是海洋工程和海水養殖。

海水有鹽分，結冰點比陸地淡水要往北，一般在北緯 60°以南，海面基本不會結冰。中國北方只有港口附近會形成數百公尺到幾公里寬的冰，由於時間短、面積小，人們對海冰危害很少關注。

最近幾年，東北航線與西北航線陸續開通。這兩條航線

從東亞向北，穿越白令海峽，再分別沿東西兩邊貼著陸地航行，最終到達北美和歐洲。現在這兩條航線上的船，大部分都與中國外貿有關，而它們更容易遭受冰山和封凍的威脅。在不久的將來，北冰洋的海冰災難將會受到人們的關注。

海底火山

天文愛好者都知道，太陽系裡最大的單一火山位於火星，叫奧林匹斯火山。不過，2013 年科學家在地球上也發現了一座火山，單純就面積而言已經接近奧林匹斯火山，只是沒有它那麼高。如此龐大的火山之所以遲遲才被發現，是因為它位於西太平洋底部，厚厚的海水遮蓋著它的面貌，這就是大塔穆火山。當然，雖然體積不小，但是這座火山數百萬年前就停止了噴發，成為死火山。

不過，那些海底活火山的威力仍然強大。雖然海底活火山在數量上只占全球活火山總數的八分之一，但其噴發的熔岩卻占總量的 75％。深海壓力大，海底火山爆發時噴出的物質被密封在下面，形成新地殼，海面上則不露痕跡。然而，淺海中的活火山仍然會將物質噴出海面，這種爆發會在海面上形成蒸汽，泥沙翻湧上來把海水攪渾。

淺海火山爆發會給人類帶來災難，並且由於這些火山深藏水底，人們對它們缺乏預警，突然爆發便會殃及輪船。1952年，日本東京漁業所一艘考察船就在海底火山爆發中沉沒。

除了直接掀翻船隻，大型海底火山爆發也是導致海嘯的一個原因。在這種災難中，火山爆發是主因，海嘯是次生災難。

海底火山長期噴發，從底部加熱海水，也會帶來海面和大氣熱量的災難性變化。科學家推測，北冰洋下面經常出現海底火山爆發，加熱底部海水，可能對海冰融化起了很大作用。著名的聖嬰現象也被認為是海底火山作用的結果。當它們爆發時，底部海水被加熱，在南美洲西海岸附近上升到洋面，再烘熱大氣。這個過程中損失的熱量很少，海底火山釋放的熱量大多傳遞給了大氣。

東太平洋中脊上有兩個極大的海底火山口。科學家已經觀測到，每當聖嬰現象發生前，當地海面溫度都有異常上升。科學家進行的模擬實驗也間接證實了這一點。聖嬰現象平均每 7 年就出現一次，在全球導致多種氣象災害，連中國都受它的影響。而它的直接動力可能就來自海底火山。

恐龍因何而滅絕？現在，小行星撞擊地球假說成為學術界的主流。然而也有科學家認為，海底火山才是真正的凶手。距今 9,000 萬年前，海底火山曾經有過長達 2 萬多年的不間斷噴發，先是殺死大量海洋生物，同時很多二氧化碳被釋放出來，最終進入大氣，破壞了恐龍所依賴的食物鏈；又經過 2,000 多萬年，恐龍緩慢的走向滅絕。

無論上面這種假說是否成立，海底這些「定時炸彈」的威力，足夠引起人類的重視。

洋流危機

科幻片《明天過後》(*The Day After Tomorrow*)讓觀眾留下了深刻印象,人們津津樂道於它對環保理念的宣傳,卻很少有人能說清楚電影到底描述了一種什麼災難。這種災難來自洋流的變化,它是現實存在的,只不過電影為了追求戲劇效果,將成千上萬年的變化壓縮為兩天。

在一般人眼裡,所有海水渾然一體,但是水手們早就發現海水的不同。在某些海域,朝一個方向的速度與相反方向的速度相差每小時 10 公里,海洋中肯定存在某種暗流。後來,海洋學家研究發現,由於溫度和鹽分的不同,海洋裡的水經常聚集起來朝某個方向流動,與周圍海水產生相對速度。

洋流是規模最大的水流,通常有上百公里寬,流經幾千公里。如果溫度高於周圍海水,則為暖流,反之則為寒流。海水的比熱是陸地的 4 ～ 5 倍,比空氣高 1,000 倍。所以,海洋是地球表面最大的熱庫。暖流流經的地方,大氣溫度就上升,寒流流過,氣溫就下降。洋流的規模和方位很少變化,周而復始的出現在某些區域。這個過程本身算不上什麼災難,周邊的陸地居民已經適應了洋流對氣溫造成的影響。但如果洋流溫度突然變化,使一個地區驟冷驟熱,就會形成災難。

《明天過後》中的洋流是指大西洋暖流,由於它的影響,

西歐和北美比中國同緯度的地區要溫暖。由於海水含鹽量高、密度大，洋流會在北極區域沉入海底，再調頭南下。如果北極融冰稀釋了它的鹽分，洋流就會逐漸消失。

這種現象歷史上曾經屢次發生，大約每 10 萬年出現一次，每次出現 100 ～ 1,000 年。拿地質時間來衡量，各種洋流都是一會強，一會弱。人類尚未廣泛分布在地球表面時，洋流變化沒什麼影響。但是現在，洋流變化意味著人類要放棄一些成熟的經濟圈，尤其是北大西洋沿岸城市，可能會因為寒冷而邊緣化。這股洋流不僅影響北半球，它的一部分南下後，也在影響南極冰川，讓冰川加速融化。

南大洋有座思韋茨冰川，面積相當於廣東省。1990 年代，這座冰山每年融化的淡水有 100 億噸。受海底暖流影響，現已經飆升到每年 800 億噸，加快了海平面上漲的速度。

大西洋暖流之所以受重視，是因為它夾在西歐和北美兩個工業區之間，影響大，做現場研究也比較容易。至於其他各處洋流變化對氣候產生什麼影響，還缺乏進一步的研究。比如聖嬰現象，其能源來源是海底火山，但輸送熱量的工具也是洋流，是一種複合性災難。

危險海洋生物

曾幾何時，一部 《大白鯊》（*Jaws*）讓全球觀眾把視線投向海洋生物帶來的危險，也形成了一股鯊魚災難片的熱

潮。直到最近，另一部鯊魚災難片《巨齒鯊》（*The Meg*）也斬獲了不少票房。

其實，沒有哪種生物注定是災星。海洋動物極少主動攻擊人類，牠們甚至在以前很少接觸到人類。只是隨著人類越來越頻繁的擴大海洋足跡，才開始遭受某些海洋生物的攻擊。

如果要按致死數量來評選最危險的海洋生物，鯊魚並不能奪冠。在現實中死於鯊口的人，遠少於在電影裡死於鯊口的人，全球每年只有個位數。但是箱形水母每年都會殺死幾十人到一百多人，還有更多的人被箱形水母刺傷。他們以濱海地區的遊客、漁民和軍人為主。目前還沒有針對刺傷的特效藥或者治療方式，只能以迴避為主。箱形水母的觸手能釋放劇毒，人類受到襲擊後，肌肉麻痺，心臟衰竭。由於襲擊都發生在海洋裡，這很容易導致死亡。一些落後的海洋國家缺乏屍檢能力，被箱形水母殺死的人通常被記錄為溺水，箱形水母的危險性有可能被低估了。

虎鯨是一種海洋哺乳動物，西方稱之為「殺人鯨」。不過，並沒有牠們在自然環境裡襲擊人的紀錄。由於外形可愛，易於訓練，很多虎鯨被圈養在水族館裡。在這種人工環境下由於不適應，虎鯨會襲擊飼養人員，半個世紀以來已經發生了幾十起此類事件。美國奧蘭多海洋公園裡的一頭虎鯨曾經殺死過 3 個人。但是，無論虎鯨還是鯊魚，都不會把人

類當食物。

2016 年，山東榮成海洋館裡一名觀眾過於接近海象，被其拖入深水中，飼養員入水營救，也被海象抱住，結果兩人雙雙遇難，這讓危險海洋生物名單上又添加了一個名字。據分析，海象並非要殺人，只是想把人拖下水一起玩耍，由於其身強力壯，導致兩人無法脫身。

上述事件裡，死者多數都是水族館裡的飼養員，平時與「凶手」朝夕相處。但是，這些海洋哺乳動物體型遠大於人類，在情緒不穩時發動襲擊，人類通常無法抵抗。

除了這些明顯的傷害，海洋生物還會帶來某些宏觀的、抽象的損害。比如，最近箱形水母由於海洋酸化，大量繁殖，就對海洋生物圈造成了威脅。

據統計，中國 300 多萬平方公里海域中，能對人造成危害的海洋生物就有數千種。牠們對一般人還不算什麼，但是海軍官兵在訓練時就會遭遇危險。所以，海軍方面一直把預防海洋生物襲擊當成一項研究任務。

赤潮危機

嚴格來講，赤潮這種災難也來自海洋生物，不過它損害的主要不是人類本身，而是海洋經濟。

形成赤潮的原因是海洋中某些浮游生物等爆發性繁殖。由於經常導致海水發生顏色異常，並且以磚紅色最為多見，

所以稱為赤潮。不過，因爆發性繁殖的浮游生物品種不同，有些地方的赤潮呈褐色或者綠色。

赤潮和陸地上水華災害的原因大致相仿，都是水體內營養物質激增的結果。陸地工廠排出廢水，相當一部分匯集到入海口，便容易在附近海域形成赤潮。這些浮游生物能釋放毒素，下海游泳的人們透過皮膚被感染。透過食物鏈，這些毒素匯集在海洋動物體內，當人類食用含有毒素的水產後，就有致病甚至致死的可能。1983 年，菲律賓發生赤潮，導致 21 人因食物中毒而死亡。1987 年，瓜地馬拉漁民誤食赤潮中的魚類，也導致 26 人死亡。中國沿海地區以前都有零星的由赤潮導致的食物中毒死亡案例。

由於醫療品質提升，赤潮直接導致的死亡案例已經在中國絕跡，但是赤潮中滋生的浮游生物消耗水中的氧氣，導致魚蝦大量死亡，這是目前赤潮造成的主要危害。

赤潮的源頭在陸地，所以只發生在近海，主要在沿海岸一帶。但是最近幾十年，由於海水養殖的興起，這些地方有很多成為養殖區。每次赤潮發生，都會摧毀整片區域的養殖成果。死魚會漂在海面，成群成片，海獺等海洋動物再食用這些含有毒素的魚，導致危害的進一步延伸。

除了營養物質激增，赤潮還與水溫有關。所以在春夏兩季赤潮最多見，但此時也正是各種海水養殖品的快速生長期。因此，赤潮逐漸成為海水養殖的頭號威脅。

近年來，海洋工程規模不斷擴大，而工程所在地往往會因赤潮爆發而導致停工，或者工程完成後對使用有影響。

目前在中國沿海，一次大型赤潮氾濫通常會波及數千平方公里海面，林林總總的危害加起來，會導致數億人民幣的經濟損失。

治理赤潮危害，目前還沒有特別有效的方法，有些地方使用硫酸銅進行殺滅，有些地方投放貝類去吞食藻體，還有些地方向赤潮海面上投放黏土，透過黏土顆粒把浮游生物凝聚起來，沉降下去。

不過，上述做法都在實驗當中，還沒有哪一種具有普遍推廣價值。所以，現在對於赤潮還只能以預防和監測為主。不過，最近有人將赤潮中滋生的海藻採集後製作成海藻肥，供農業生產用，算是化害為利的一條新路。

▌海水腐蝕

金屬會被腐蝕，這是常識。幾乎沒人死於因腐蝕造成的事故，所以大眾對此並不關注，但是要算帳才能知道腐蝕問題的嚴重性。目前，中國由於金屬腐蝕帶來的損失約占 GDP 的 5%，超過所有自然災害帶來損失的總和！2018 年，全球因腐蝕造成的損失達 4 萬億美元，接近日本一年的 GDP。

當人類大規模進入海洋以後，海水腐蝕也將成為重大問題。海水中的氯離子有強烈腐蝕性，完全浸泡在海水中的設

施、設備很容易受到危害。即使露在海面的部位，飛濺的海浪也會對其造成腐蝕。甚至，海面上的大氣由於海水蒸發作用，氯離子和鎂離子的含量都高於陸地上的大氣，具有更強的腐蝕性。

　　陸地上的工程建築設計主要考慮結構的承重問題，而海洋裡的工程建築設計則主要考慮由腐蝕帶來的安全問題。這些年，中國建成全球規模最大的海洋工程，但十幾年到幾十年後，我們便會看到海水腐蝕對它們帶來的嚴重損害。

　　海水的腐蝕程度取決於材料工藝。由於這方面的技術差異，中國的腐蝕程度比美國多兩個百分點。以現在的 GDP 來計算，一個百分點就是 1 萬億人民幣！大部分情況下，人們依靠表面塗層來減少海水腐蝕。20 世紀末，中國第一座核電廠——秦山核電廠在海邊修建，最初要引進國外的耐腐蝕鋼材，後來這種材料「水土不服」，便改用中國國內塗層技術處理。

　　還有一種技術叫陰極保護法，當金屬材料置於溶液時，不同位置之間會形成電位差，產生電化學腐蝕。陰極保護法能減少這種電位差。以杭州灣跨海大橋為例，大橋設計使用壽命高達 100 年。這意味著很多鋼柱要在海水裡浸泡一個世紀，對防腐蝕提出了極高的要求。建設負責單位就採用特殊塗層與陰極保護相配合的防腐蝕方法。為此，他們甚至在鋼管複合樁下面的海泥裡安裝了監測探頭。

　　當然最根本的方法是讓材料本身更耐腐蝕。2020 年，鞍

山鋼鐵公司製造出中國國內第一批耐海水腐蝕橋梁鋼，並提供給幾個跨海大橋工程使用。

除了鋼材，水泥也要應對海水腐蝕。跨海大橋要使用很多水泥建築橋墩，傳統的矽酸鹽水泥會在海水腐蝕中軟化。1980年代，中國建築材料科學研究院發明了鐵鋁酸鹽水泥，目前已經證明它在海水中的強度不僅不下降，還會稍有提升，有望成為主流的海洋工程水泥。

海洋中還有一種類似的危害叫做生物汙損，是由海洋生物附著在設備和設施表面造成的，損害的性質與海水腐蝕大同小異。當牡蠣、藤壺、海藻等附著在金屬船體上後，會降低其航速，增加其能源消耗；如果附著在鑽井平臺上，則會增加其重量。目前，人們主要透過化學藥劑殺死這些附著生物，但這些化學藥劑會在海水中擴散，帶來新的環境汙染。

▌海洋汙染

前述海洋災難都來自海洋而威脅陸地，但有一種危險是來自陸地而威脅海洋，那就是人類活動對海洋生態環境的汙染。

水往低處流，陸地上的江河湖泊接收到汙染物，都會帶著它們往海拔較低處流動。一部分汙染物流入地下水和土壤中，另一部分會進入海洋。尤其是河流入海口以及近海，是陸緣汙染的高度發生區。大量的農藥殘餘、工業中使用的各

種酸和鹼，都會透過水流進入海洋，形成看不見的汙染。然後透過海洋生物的放大作用，使這些汙染物最終在人類食用海產品時進入人體，每年約有 10 萬人因此而中毒。

陸地上還有一種看不見的汙染物，就是工業廢熱。它透過廢水流入海洋，導致排放區域的海水溫度比周圍高，影響了當地的生態環境。

陸地上每年產生約 100 億噸固體垃圾，絕大部分被填埋，但也有一部分隨河流入海。這些固體垃圾進入海洋後，其中的生物質垃圾會被分解，比重高於水的會沉降，最後剩下塑膠垃圾漂流在洋面上。雖然各國已經在限制塑膠製品，但已經進入海洋的塑膠垃圾會在洋流作用下聚集成垃圾帶。1980 年代，人們最早在夏威夷和加州之間的海面上發現了塑膠垃圾帶。到現在，它已經涵蓋了 160 萬平方公里的洋面，相當於法國、德國和西班牙的領土面積總和。

據估算，太平洋垃圾帶中 99.9％都是塑膠，約有 7.9 萬噸，其中 46％為破損後廢棄的漁網。魚類和海獸經常誤食塑膠，導致其死亡。

理論上講，大部分海面上的垃圾都會緩慢沉降到海底，那裡是陸地垃圾的最終聚集處。只是由於海底調查比海面調查難得多，人類還不能掌握垃圾在海底的分布情況。最近，中國水產科學研究院黃海水產研究所用底拖網收集海底生物，發現海葵能附著在海底垃圾上，並隨之擴散到遠處，影

響當地海域的生態系統。黃海相對較淺，更深海域的垃圾分布情況還缺乏研究。

有人覺得，海洋是垃圾最終的傾倒場，海洋垃圾不會影響人類，這是錯誤的。2018 年，颱風「山竹」引發海水倒灌入香港，大量海洋垃圾湧入城區，堆積在城市低窪處。

工業化之初，人們認為海洋無比大，可以消化各種廢物，主動向海洋傾倒廢水。現在，各國已經意識到問題的嚴重性，建立了嚴格的排放標準。

海洋工業活動不斷增加，也對海洋本身造成了一定汙染，油料洩漏最為典型。即使不出事故，但由於密封條件有限，普通船隻也經常洩漏一定的燃油和潤滑油。筆者第一次看到海洋是在天津港，一望無際的褐色海水完全顛覆了筆者對海洋的想像，那就是長時間油料洩漏的結果。

如果船隻發生事故，會造成大面積油汙汙染。1978 年 3 月 16 日，美國標準石油公司的一艘油輪在法國布列塔尼海岸擱淺，洩漏出數萬噸原油，成為歷史上最嚴重的油輪原油洩漏事件。

但與鑽井平臺石油洩漏相比，油輪原油洩漏就小巫見大巫了。2010 年 4 月 20 日，英國石油公司的一個鑽井平臺在墨西哥灣爆炸沉沒，隨後，位於海面下的受損油井開始洩漏原油，將近三個月才徹底將受損處堵住，但 140 萬立方公尺原油流入海洋，汙染了 1,600 多公里長的海岸線。

第七章　馭海而行

　　到目前為止，人類還沒有定居海洋，低廉的運輸價格才是海洋最大的價值所在。相對於陸運和空運，海運的費用仍然最為低廉。

　　即使有一天，我們把能源、工業甚至定居點大量搬到海洋上，交通仍是首先要解決的問題。畢竟，那可是71％的地球表面，比起我們能夠方便出入的陸地，足足大了兩倍多！

　　不能征服海洋，人類就只能生活在孤島般的陸地上。如何更多、更快、更節省的進行海洋運輸，是實現人類征服海洋的關鍵。

▌重載的極限

樹木枯死後有可能倒在河流裡漂浮，這種情形司空見慣，古人受此啟示，發明了獨木舟。他們在整根樹木上挖個橫槽，用來載人。考古發現的最早獨木舟已經有 9,000 多年的歷史了。從那時起，先民們便嘗試製造各種船隻。

自古以來，船運就顯示出比陸運費用低、到達範圍廣的優勢，只不過對於內陸帝國而言，船運主要透過河流進行。早期的小船到了海上，只能沿海岸線行駛，一旦遇到危險馬上登陸。後來，航船越造越大，直到能讓人類深入海洋。

直到幾個世紀前出現了海洋帝國，海運才超過內河航運，海洋成為船隻最大的用武之地。蒸汽機船隻出現後，海運徹底超過陸運，成為最低廉的運輸方式。到目前為止，80%的國際貿易由海運來承擔。

人類不是水生動物，沒有船就下不了海。船的發展與人類征服海洋的歷史同步，未來也是如此。當離島工業、超大型浮體和半潛式浮城普遍化以後，航運技術還會發展到一個新高度。

對於糧食、礦石、金屬這些大宗貨物來說，人們並不追求運輸速度，而是追求載重量。一次運得越多，單位成本就下降得越多，這就使得船舶載重量不斷上升。

如果不分用途，只看噸位，歷史上最大的輪船名為「諾克·耐維斯號」，一艘新加坡籍油輪，全長達到驚人的 458.45

公尺。這艘巨無霸能載重 564,763 噸石油，美國一半航空母艦的噸位加起來都不如它。

由於體型太大，又趕上石油價格低迷，這艘船於 1981 年下水後命運多舛，不是被轉賣，就是被改造成海上油庫，還在兩伊戰爭中被導彈擊中過。最終在 2009 年，這艘船被拆除，使用壽命遠低於一般油輪。

「諾克‧耐維斯號」變成廢鐵後兩年，韓國製造出排水量更大的「開拓精神號」。它是一艘遠洋作業船，主要任務是把海洋平臺運到指定位置，再將其落成。

由於任務特殊，「開拓精神號」只有 382 公尺長，但是其寬度達到 124 公尺，並且前端分叉，俯瞰時像一把巨型叉子。「開拓精神號」的排水量達到驚人的 93.2 萬噸，接近美國所有航空母艦的總噸位。

不過，很多人覺得海工作業船不算是船，只有用於運輸的船才叫船。那麼，現在最大的船是「馬士基‧邁克－凱尼‧穆勒」貨櫃船，它有 400 公尺長，一次能裝運 18,270 個貨櫃。

船造得太大會帶來麻煩，就是不能進入很多小港口，只能泊在外海，再用小船轉運貨物。所以，後來以港口為目標的船都沒有大的噸位，中國最大的油輪只有 30 萬噸。

如果完全不考慮港口因素，船能造到多大呢？美國有家公司設計出「自由之城號」，長 1,372 公尺，寬 229 公尺，高 107 公尺，重達 270 萬噸。如果建成，其就是一座海洋城市。

當然，幾乎所有港口都請不進這尊「神」，「自由之城號」將永遠行駛在海洋上，靠其他交通工具與陸地連通。

速度的頂峰

在另外一個面向上，人類會希望船隻的速度越快越好，在軍事、搜救、短途客運等任務中尤其如此。由於海水有阻力，要提升船的速度，就得在動力、結構等方面做出改變。那些為提高航速而設計的各種新型船舶，統稱為高性能船。

說到快，人們立刻會想到摩托艇，它也是最常見的快船。摩托艇能達到時速 120 公里，已經相當於家用轎車跑高速公路時的速度了。不過，只有專業運動員才敢開這麼快。一般摩托艇開到時速幾十公里時，駕駛員還能適應，但一般乘客早就心驚膽戰了。

廣義上講，摩托艇屬於滑行艇。這類船隻底部平緩，高速航行時會抬起，只有部分艇底承受水的阻力。摩托艇是滑行艇中最小的一種，由於載重量極小，只能用於旅遊觀光。稍大一些的滑行艇載重量可以達到 200 噸，能運載設備。海軍中的魚雷艇、導彈艇就是滑行艇。

但也正是由於部分船底離開水面，導致艇身不穩，限制了其運載量。後來，人們設計出雙體滑行艇。它在水面下有兩個分離的船體，由水面上的連接橋連接，高速航行時比單體滑行艇穩定，又擴大了甲板面積。

雙體滑行艇多用於短途海運。目前，世界上最快的一艘滑行艇就在阿根廷和烏拉圭兩國首都之間跑客運線。它直接使用兩個航空引擎，時速達到 110 公里，連接兩個船體的客艙可以運載上千名乘客，在運量與速度之間達到了很好的平衡。

　　香港和澳門的遊客可以乘坐一種快船往來於兩地之間，全程約一個半小時，當地叫噴射船，學名叫水翼船。這種船在底部安裝類似機翼的水翼，由於水和空氣一樣是流體，航速提升後，水也會對水翼產生升力，讓船的主體離開水面，產生減少阻力的作用。為了安全起見，這種快船一般只開到時速幾十公里。水翼船理論上的時速能達到上百公里。不過，如果想透過增加水翼面積來提高升力，船重也會大大增加，所以水翼船很難超過 1,000 噸，這讓它無法投入遠洋運輸。

　　透過 1995 年的電影《紅番區》（*Rumble in the Bronx*），中國人第一次看到氣墊船的身影。三峽水庫蓄水後，氣墊船更成為當地客運的主力，這也是一種高性能船。它能透過高壓空氣在船底和水面間形成一個氣墊，產生減少阻力的作用，甚至還能離開水面，短暫的駛上陸地。

　　氣墊船的時速能達到 167 公里，已經超過了水翼船和滑行艇。但是氣墊船需要平滑的水面，稍有波浪就難以應付。這讓它只能用於短途運輸，軍事上則用於登陸作戰。中國引

進的「野牛」氣墊船運載量達到 555 噸，可以把三輛坦克或者 360 名官兵運到 300 海里（1 海里＝ 1.852 公里）之外。

上海析易船舶技術有限公司的專家結合上述船型的長處，設計出 T 系列高速消波艇。它不僅能在水面上，還能在冰面上達到時速 100 公里的速度。理論上，甚至能在海面達到飛機起飛的速度。屆時，一艘消波艇背負一架戰鬥機，就能讓它在海面上起飛。

風帆再登場

如果要推選最廉價的運輸方式，海運無出其右。但如果替各行業的碳排放製作一個排行榜，海運也名列前茅。各國專家都在研究如何讓海運變得更環保，最有創意的一個想法是把古老的風帆請回來。

與燃油相比，風力是典型的無汙染、可再生能源。只不過傳統帆船需要靠天航行，速度無法提升，後來被機器所淘汰。今天，帆船只是作為體育項目和旅遊項目保存下來。這些現代帆船噸位很小，只能載幾個人在海面上遊玩。

然而，自從西元 1803 年富爾頓發明蒸汽動力輪船後，很長一段時間蒸汽機的功率並不夠大，輪船上還配備著風帆，成為一種混合動力船。直到 19 世紀後半葉，引擎功率達到成千上萬馬力，船隻上才不再有高高的桅杆。

然而，隨著科技水準的全面提升，人們已經可以用新型

材料製造出巨型風帆，並且用電子系統調整角度，讓它們接收來自各個方向的風。於是，風帆再次成為環保型海運的選擇。這次它依然不是船舶的唯一動力，而是與機械動力聯合使用，其目標是節省燃油，而非完全取代燃油。

2008 年，德國製造了「白鯨天帆號」實驗船，它的風帆類似於風箏，出海後可以把帆放飛到空中，用繫繩傳導風力，牽動船體。這塊風帆可以升到 350 公尺高空，利用高處更強大的風力，產生更強的動力，可節省 50%的燃料。

這種風箏式風帆收放自由，不用製造桅杆，但只能驅動噸位很小的船隻。日本專家設計的「風力挑戰者號」，重新在甲板上豎起桅杆，上面配備「U」型帆面，由於使用了鋁與高強度纖維合成布料，巨帆高可達 50 公尺，寬可達 20 公尺，相當於把 10 層樓豎在甲板上，大小遠超古代風帆。

看過《神鬼奇航》的朋友都知道，古代帆船不耗燃油，但是消耗人力，一個桅杆就要爬上幾個人去操作。而「風力挑戰者號」上的風帆，其角度和高度完全由電子系統控制，可隨著風向靈活調整。

瑞典人設計的「海洋鳥（Oceanbird）」混合動力船，載重量達到 32,000 噸，用於陸地之間的滾裝運輸。它的風帆高達 30 公尺，加上船體，水面上方可達 100 公尺。「海洋鳥」的機械動力裝置只用於進出港，到了大海上就完全靠風帆，能節省 90%的燃料。

中國的「凱利倫號」是第一艘商業化的風帆巨輪。這艘超過 30 萬噸的油輪在甲板上豎起兩面帆，高 39.68 公尺，寬 14.8 公尺，同樣由電子系統調節，承受各方面的風。

「凱利倫號」已於 2018 年 11 月 13 日下水，是全球首艘投入航運的高科技帆船。雖然它只能節約 3% 的能源，但由於其體量龐大，跑一趟新加坡，可節省幾十萬元的燃油費。

▌飛機來助力

海上運輸並非只能依靠船，水上飛機也能助一臂之力。在馬爾地夫或者大溪地，水上飛機是重要的交通工具。

把起落架換成浮筒，飛機就可以在水上起降。1910 年，法國人法布爾（Fabre）研製成世界上首架水上飛機。迄今體量最大的水上飛機，是美國工程師休斯（Hughes）設計的一款木製水上飛機，可惜它只試飛過一次，就成為展覽品。

長期以來，水上飛機都不如陸地飛機有競爭力，原因不在於技術本身，而是人類缺乏水上起降的普遍需求。城市、工廠和軍事基地大多建在陸地上，飛機自然還是以就近降落在陸地機場為主。但是，隨著工業前沿不斷推進到海洋裡，海上降落的需求將會越來越多。

水上飛機由於要配備浮筒，並且不能收放，增加了空氣阻力，所以它們都是低空低速飛機。這種飛機用於作戰非常不利，但如果是民用，只要速度明顯超過船隻，水上飛機就

有用武之地。

由於水上飛機普遍體量小，後來又發展出水陸兩棲飛機，既有浮筒，也有起落架，可以在陸地機場起降。中國的「鯤龍—600」是全球最大的兩棲飛機，它的下部像船，上部像飛機，結合了兩種載具的特點，一次可以運載數十人。目前，該飛機主要用於森林滅火與海上救援。和同樣能在陸地上降落的直升機相比，它能降落在水面上，只要浪高不超過兩公尺，都不影響降落。與船隻相比，它又具有明顯的速度優勢。

與兩棲飛機相似的還有一種飛行器，它既是船，又是飛機，名叫翼地效應機。翼地效應又稱為地效，當飛行物體貼近地面時，下面的空氣升力會陡然增加。汽車、汽艇在高速行駛時都會形成些微的翼地效應。飛機在下降和起飛時，翼地效應也非常明顯。

蘇聯利用這一原理發明出翼地效應機，綽號「裡海怪物」。它的機翼又寬又短，可運載 750 名士兵，貼著水面以時速 800 公里的速度前進。但由於沒能解決安全隱患，始終無法投入使用。要獲得翼地效應，高度只能在水面上幾公尺之內，浪頭稍大就有危險。另外，近海有很多航船，速度只有翼地效應機的十分之一，後者高速前進時，會嚴重干擾現有航道。

然而，如果以未來的超大型浮體、半潛式浮城或者海島

工業基地為運輸地點，翼地效應機的優勢盡顯無遺。特別是太平洋，許多海域風平浪靜，很適合翼地效應機飛行。它比最大的運輸機載重量還大，又比普通船舶快 10 倍，甚至比一般水上飛機都快，在運載量和速度之間找到了平衡點。

未來，翼地效應機可能會伴隨海洋工業的發展而復甦。

特種船舶

除了司空見慣的常規船舶，人類還為一些特定海上任務製造特種船舶。前面介紹的「鸚鵡螺新紀元號」，就是專門用於深海採礦的特種船。下面，讓我們逐一盤點這些稀奇古怪的船。

半潛船就是一類特種船舶，顧名思義，它有一部分潛在水下。潛在水下的這部分主要是裝貨甲板，上面托運著鑽井平臺之類的不可分割的大件貨物。船的駕駛室則浮在水面上。有些半潛船有動力，有些還需要其他船隻拖行，更像一個載貨平臺。

2002 年，中國第一艘半潛船「泰安口號」下水。如今，全球僅有十幾艘半潛船，它們不是中國製造的，就是荷蘭製造的。美國有需求，都得租用荷蘭的。

中國的「新光華號」半潛船的載重能力已經達到 98,000 噸，可以輕鬆馱起「遼寧艦」。工作時，它的裝貨甲板能沉入水下 30 公尺，到指定地點後再浮起來。未來建造海上城

市，少不了運載幾萬噸的部件，半潛船會大有用武之地。

　　要建造如同跨海大橋這樣的工程，必須把預製件運到海面上，再吊到指定位置，這就需要起重船。中國擁有全球頭號起重船，名叫「振華 30」，它能夠吊起 12,000 噸的部件，或者吊起 7,000 噸的部件後再做 360 度旋轉。

　　由於起重作業的需求，起重船本身的重量必須遠大於貨物重量，「振華 30」就有 14 萬噸，它們也因此要配備強大的引擎。

　　中國船舶重工集團公司（簡稱「中船重工」）正在設計前所未有的核動力綜合補給船，上面自帶船塢和全套維修設備。如果一艘船在海上損壞，無法移動，綜合補給船可以開過去，把它拖進船塢，直接在海面上維修。這相當於把陸地修船廠的部分職能前移到了海洋上。

　　前面提到的「天鯨號」和「天鯤號」，在填海造島中大放異彩，這些疏浚船也屬於特種船舶。在大連國際海事展覽會上，中船重工推出了新一代核動力疏浚船，其主要功能均強於上述兩船，成為特大號的「地圖編輯器」。

　　天然氣作為燃料，會減少 60％的二氧化碳排放，被視為重要的清潔燃料，在工業和交通運輸業中以氣代油成為趨勢。然而，陸地上可以直接用管道運輸天然氣，但跨海運輸就得使用專門船隻，這就是液化天然氣船，簡稱 LNG 船。以上海為例，這座巨型城市的天然氣供給主要靠 LNG 船。

運輸液化天然氣需要形成 -162℃的低溫，它的儲罐也是高壓容器，因此 LNG 船也被稱為海上超級冷藏庫。如今，最大的 LNG 船由韓國三星公司建造，一次可運輸 26 萬立方公尺天然氣。滬東中華造船（集團）有限公司正在建造的 LNG 船，其天然氣運輸量有望達到 27 萬立方公尺，刷新這一紀錄。

如今，很多新型船隻也改用天然氣作燃料，這就需要在海洋上進行加注。浙江舟山正在建造世界上最大的液化天然氣加注船，其下水後，會成為海洋臨時加氣站，這也是「工業入海」的一個例子。

總之，各種特種船舶的發展，提高了海洋工程的整體能力，也增加了普通船隻的續航能力，進一步減少海洋工業對陸地的依賴。

▌冰海猛士

高緯度地區廣泛存在海冰，必須有一種能夠破碎冰層、開闢航道的船隻，這就是破冰船。它也是一類特種船舶。破冰船把人類的腳步延伸到冰天雪地的高緯度海域，擴大了人類的生存空間。

由於國土面對大片冰海，缺乏不凍港，破冰船幾乎成為俄羅斯人的獨門絕技。西元 1864 年，他們就把一艘小輪船改造成世界上第一艘破冰船。到了西元 1899 年，由俄國人設

計，英國人建造的「葉爾馬克號」，已經能駛進北極。

現在，圍繞北極圈的很多高緯度國家都有了破冰船。南極科學考察由於要突破冰層才能抵達目標，也必須配備破冰船。

破冰船動力強大，鋼板很厚，通常要靠衝擊力來破冰。與普通船隻不同，破冰船在前端也有螺旋槳，旋轉時把冰層下面的水抽走，讓冰層暫時失去支撐，便於撞擊。破冰船通常要造得非常寬，以便在冰層中開闢出航道，幫助其他船隻通過，或者搶救陷入冰層的船隻。

由於有強烈的需求，在破冰船的升級換代中，蘇聯始終保持領先。1957 年，蘇聯建造了第一艘核動力破冰船「列寧號」。如今，俄羅斯擁有全球最多、體量最大的破冰船，其「北極號」破冰船噸位達到 3 萬噸，可以破壞數公尺厚的冰層。

早期破冰船主要用來破冰，或者開闢航道，或者救援被困的普通船隻。後來，人們乾脆把破冰與運輸結合起來，讓破冰船直接運載人與貨。人們甚至建造了能破冰的郵輪，帶著遊客在冰面上航行。

未來，俄羅斯還將建造「10510 型」破冰船。它寬達 40 公尺，相當於半個足球場，排水量高達 55,000 噸，能擊破 4 公尺厚的冰層。由於現在北極變暖，冰層變薄，這個等級的破冰船能在北冰洋裡暢行無阻。當然，「10510 型」破冰船塊

頭這麼大，也只能使用核動力。

俄羅斯這些破冰船與中國也有很大關係。現在中國與歐洲的海運要通過麻六甲海峽，隨著海冰減少，可以北上穿越白令海峽，經過俄羅斯沿海到達歐洲。這條航線叫做東北航線，破冰船是保證其暢通的重要工具。

中國所處的緯度不算高，由於最北端的渤海在冬天會發生海冰災害，對破冰船有一定的需求。早在 1912 年，中國就建造過幾百噸的小型破冰船。1969 年，渤海冰封事件發生後，中國開始研製大噸位破冰船。

後來，由於南極科學考察事業的需求，中國引進了「雪龍號」破冰船。該船同時也是極地考察船，有 2 萬噸的排水量，負責向南極基地運輸物資。2019 年，中國自主建造了「雪龍 2 號」，成為全球首艘能夠雙向破冰的破冰船。

海基發射平臺

展望未來，火箭發射專用船會成為特種船舶家族的新成員。

各國主要發射場都建在陸地上，由於火箭箭體會在發射中墜落，這些場地必須遠離人煙，而且須透過公路和鐵路進行運輸，否則一些超寬超大的部件就難以送達。

地球在自轉中形成離心力，如果借用它，發射成本會下降很多。這種離心力當然在赤道地區最大，然而打開世界地

圖你就會發現，這一圈上沒有幾個國家有實力發射火箭。而有實力做這件事的國家，反而處於高緯度地區。

俄羅斯就很典型，其最重要的拜科努爾太空發射場與中國的哈爾濱市在同一緯度上。中國最南端的文昌太空發射場，也在北緯 19°線上，離赤道還很遠。

然而，赤道上有的是海洋，如果能在海上發射，不就可以解決這個問題了嗎？如果是載人飛船，返回艙降落在海面上也更容易被搜尋。美國就一直採用海上降落的方式。

中、美、俄都有廣闊的領土，而義大利這樣的國家，土地狹小，但又希望掌握航太技術，所以率先建起海洋發射平臺。早在 1960 年代，該國就在印度洋上建起聖馬科發射場。不過它只是一座固定平臺，而海上發射的長處在於平臺可以移動。

排除早期的軍事需求，當太空發射商業化以後，人們便著手在海上建立移動發射平臺。1990 年代中期，美國的波音公司、俄羅斯的能源火箭公司、烏克蘭南方設計局、挪威的克瓦爾海洋公司共同籌建了一家海上發射公司。他們把一座舊的鑽井平臺改裝成為發射場，稱為「海洋奧德賽」。它可以運載 3 枚火箭，拖行到赤道上進行發射。

2019 年，中國在黃海海域使用民用船舶完成了海上平臺的試射，將兩顆氣象衛星送入了軌道，開啟了海洋發射的實用階段。這艘船以煙臺海陽為母港。海陽是繼西昌、酒泉、

太原和文昌後的第 5 個發射基地。這裡不僅能發射火箭，還將製造小型商業運載火箭。

　　海上發射火箭最大的問題，就是從穩定的地面換成波浪起伏的海面，航向保持、基座瞄準等方面都需要做新的嘗試。所以，海上發射平臺基本都是由其他船隻改建而成的。它所發射的都是固體火箭，現在只是把一些小型的衛星送上天，為陸地發射場分擔壓力。

　　大型太空梭，特別是載人太空梭，必須用液體火箭，其龐大的體積是目前這些改裝船吃不消的。不過，如今的船舶製造技術已經可以打造巨型半潛船、起重船和綜合補給船，火箭發射船的船型與它們接近，噸位也相差無幾。

　　未來，專用發射船有望達到 10 萬噸級，能夠更好的抵抗海浪。將來更有可能直接在超大型浮體上建造發射場。

▌海洋清汙船

　　介紹完那些高等級的船舶，下面再介紹一種不起眼的特種船隻，就是專門的海洋清汙船。

　　對於海洋，人類並非只汙染不清理，各種海洋垃圾的清理工作早就是進行式。特別是未來海洋工業會以幾倍的速度提升，必須事先就做好清汙準備。

　　1970 年代，蘇聯就建造過專門的浮油垃圾回收船，透過分離器回收汙水裡的油。現在，這類船隻較為普通。它們在

船首下方配備油汙吸收器，船體中部設置垃圾收集艙，既能吸收油汙，又能撈取固體垃圾。

浮油帶來的汙染通常只發生在港口附近。所以，上述清汙船通常噸位很小，可以靈活的在海港和海灣的複雜地形中作業。

如果石油鑽井平臺發生大規模洩漏，平臺所有者要先在海面豎起攔油柵，把汙染控制在一定範圍內。清汙船到場後，會向油面噴灑一種磁性顆粒，能吸附起 6 倍於自身重量的油汙。吸飽之後，再由清汙船把它們撈走。

德國的科學研究小組甚至發現了專門吞噬石油的單細胞細菌。牠們在油汙中會迅速繁殖，吞噬油液，將來有望將其投放到石油汙染的海面上進行清汙工作。

垃圾在海洋中已經形成漂浮帶。既然目標相對集中，便可以派船隻進行公益式的垃圾回收。

2018 年，一艘名叫「海洋清理 001 號」的船從美國舊金山灣駛出，開向太平洋的塑膠垃圾帶。這艘船上攜帶著一個漂浮管，直徑 1.2 公尺，長 600 公尺，下面還有深 2.7 公尺的屏障。這個系統呈「U」型漂浮在海面上，由船隻拖帶前進。由於塑膠垃圾都漂浮在海面，「U」型屏障基本可以把它們集中起來，同時還不影響下面的海洋生物穿行。

海洋清理系統的網眼十分細密，能網住很小的塑膠碎片。這種系統無人操作，到達指定海域後，在海流作用下

自動「圍捕」塑膠垃圾。每隔數週，會有一艘船去回收這些垃圾。

　　這場公益活動的組織者計劃投放數十個海洋清理系統，在 5 年內清理掉一半的太平洋塑膠垃圾，到 2040 年能清除掉所有海洋塑膠垃圾的 90%。由於人類在陸地上已經提升垃圾管理水準，預計不會再發生塑膠垃圾大規模汙染海洋的事件，這次清理將會一勞永逸的解決問題。

　　可是，把塑膠垃圾收集起來後怎麼辦，是搬回陸地垃圾場，還是焚燒掉汙染空氣？上海季明環保設備有限公司發明了「木塑」技術，將木料廢棄物和塑膠垃圾混合起來，形成強度不次於木材的新材料，實現了廢物資源化。運用這種技術，還能製造人工魚礁。在垃圾回收船上直接將塑膠壓結成塊，與其他物質一起填充在密封薄膜裡，返航時投入指定區域，形成人工魚礁的主體。這樣，海洋塑膠垃圾回收與人工魚礁的建設合二為一。

　　英國牛津和劍橋兩所大學組成的聯合團隊發明了另外一種處理辦法。他們將塑膠垃圾用機械方式切碎，拌入催化劑後用微波加熱，90 秒後就可分解出氫氣。這樣，塑膠垃圾還可以生成高附加價值產品。

讓船舶變聰明

現在，無人機已經大出風頭，無人駕駛汽車也準備上路。那麼，無人船有沒有可能出海？

其實，遠海交通情況比公路要簡單得多，衛星導航技術也已成熟，隨著船舶自動化水準的提升，即使幾十萬噸的油輪，也只要兩個人就能操作，人類即將走進無人船時代。據統計，僅 2019 年全球就交易了 100 億美元的無人船。

前面提到的海上發射平臺，在發射火箭時需要全員撤離，讓船隻自動運轉，也是某種意義上的無人船。馬斯克（Musk）用來回收「獵鷹 9 號」火箭的平臺，在回收作業時現場也不能有人員，同樣相當於無人船。

當然，真正的無人船在航行時也沒有人駕駛，最多是遠距離遙控。早期無人船主要用於陸上水體的環境檢測，它們駛到預定位置，採集樣本後便返航，所以不需要很大體量。雖然外形像船，並且要在水面上行駛，但是更像某種智慧型儀器，而不是船。甚至有一種膠囊機器人，小到可以駛入城市管網，檢測內部情況。

前面提到的水面垃圾清理，目前主要由人在船上操作，工作環境較差。一些地方也正改用無人船來清理河道。

用於水上搶險的無人船需要把物資送到位，或者把人員救出來，體量就要大一些，類似於快艇。電影《緊急救援》告訴我們，搶救現場本身都有危險性，有可能造成搶險人員

的傷亡。無人船在這個領域大有用武之地。

科學研究是另一個急需無人船的領域。派海洋調查船出海，興師動眾不說，一次航行經過的海面也很有限，派一大批小型無人船便可以「四處開花」。因為不需要載人，不用補充給養，所以能長期留駐海面，變成自動浮標。

中國氣象局與中國航太科工集團有限公司研發的「天象一號」，就是無人氣象探測船。它有 6.5 公尺長，可以在海上停留 20 天。在深海探測中，人類也早就使用了機器人，它不需要生命維持系統，能夠探測更大的範圍。

無人船不僅只有這些用途，2018 年中國春節聯歡晚會珠海分會場，觀眾從直播中觀看了無人船表演。2020 年，江蘇鹽城還舉辦了全球首個無人船參加的戲劇演出，入夜，很多無人船載著道具進入南海公園的湖面上，成為演員表演的背景。

如果說這些無人船還類似於航海模型，大連海事大學研發的「藍信號」智慧型無人水面艇就是真正的船。它長達 69 公尺，續航能力達到 2,500 海里，超越了美國軍方最大的無人艦。

在軍事方面，最危險的海上掃雷工作率先使用無人船，無人反潛艦緊隨其後。2018 年，中國還啟用了全球最大的無人船海上測試場。它位於珠海的萬山群島，面積有 770 平方公里。

碼頭再升級

沒有碼頭，什麼樣的船都會成為無根的浮萍，因為碼頭是陸與海的連接點。然而一提到碼頭，人們總會聯想起熙熙攘攘的勞動場面，似乎很難把它與高科技相連起來。其實不然，當今的碼頭已經升級換代，包含了很多高科技內容。

1980 年代，英國泰晤士港與荷蘭鹿特丹港率先開始自動化改造。標準化的貨櫃體型固定，便於自動處理，這種改造目前基本都出現在貨櫃碼頭上。不過，它們還需要一部分人在現場，只能稱為半自動化碼頭。

2017 年 12 月 10 日，被戲稱為「魔鬼碼頭」的上海洋山深水港四期碼頭開始營運。之所以得到這個綽號，是因為碼頭上完全看不到人，只有吊車和運輸車在活動，像是幽靈在操作一樣。作為全球最大的無人碼頭，這裡全靠無人貨車運載。因為不用司機，所以也無須駕駛室，這種平板式的車子又稱「自動導引車」。它自重近 30 噸，加上貨櫃可達 70 噸。由於有自動導航，該車停靠位置誤差不超過 2 公分，超越許多資深司機的水準。吊車則由控制塔裡面的員工遠端操作，機械手臂可以自動拆解貨櫃的鎖墊。依靠先進的資訊技術，「魔鬼碼頭」成為全球裝卸速度最快的碼頭。而對於船主來說，節省的時間就是金錢。

為了停泊更大的船隻，這個遠遠探入深水區的港口本身就整合了很多海洋工程技術。它依託小島，靠填海造出 6 倍

於小島的使用面積，成為全球頭號人工港。它也有跨海大橋與陸地相通。

不過，這個港還不是亞洲第一個全自動無人碼頭，青島港全自動化貨櫃碼頭比它早幾個月營運，摘得這頂桂冠。

由於集中大量勞動力，貨物本身又有分量，歷史上碼頭就是個傷亡事故頻發的地方。散貨分裝漏斗垮塌、堆高機事故、箱體擠壓等，各種傷亡原因不勝枚舉。無人碼頭卻可以避免這一切，工人只需要在屋子裡操作電腦，躲開危險的吊運機械。碼頭自動化提升的不僅是效率，還有生產環境的安全性。

在國外，日本川崎港、新加坡港和德國漢堡港都完成了自動化改造。中國廈門的遠海碼頭也進入了無人碼頭的行列。

不過，各種做散貨、石油和天然氣的海運，現在還做不到自動化裝卸，這個課題留給未來。2018 年，全球海運總量為 110 億噸；展望未來，工廠陸續進入深海大洋後，海運量還會增加。而提高港口裝卸效率，正是加快海運的重要環節。

2019 年，單純以重量來計算，中國占全球海運進口量的22%、出口量的 5%。如此龐大的運輸需求，對碼頭的升級換代提出了迫切的要求。未來，中國將會引領碼頭現代化的潮流。

第八章　透明海洋

　　萬頃波濤就是厚厚的面紗，阻隔著人類對海洋的認識。今天，我們已經能繪製出 7 公尺解析度的月面圖，但是對於近在咫尺的海底，卻無法繪製這麼精準的地貌圖。

　　無數海洋科學家的理想，就是讓海洋變成科學資料的來源，而不再神祕。2018 年，中國海洋科學與技術試點國家實驗室主任吳立新院士提出了「透明海洋」的口號，正是這個理想的代表。

　　那麼，科學家如何讓平均厚度將近 4,000 公尺的海洋變得透明？這是本章要探討的內容。

從手工勞動開始

本書讀到這裡，你已經接觸了不少海洋學知識。它們都是怎麼獲得的呢？答案便是海洋測量儀器。為了實現讓海洋變透明的夢想，人類發明出一代又一代海洋測量工具。

遠古時代，唯一的「海洋儀器」就是肉眼。依靠它，人類觀測海面、海島和海岸線，記錄它們的形態。在岸上，人類最常見的海洋現象莫過於潮汐，人們也很早就用肉眼觀察潮汐，並進行記錄。西元 8 世紀，中國就編製出世界上最早的潮汐圖，可以透過月相推算高低潮。

肉眼幫助人類繪製出簡單的海圖，西元 1300 年左右製作的一幅地中海海圖是現存最早的海圖文物。

進入大洋，航海人迫切需要知道自己的位置。中國古人發明了牽星術，利用星座與海平面的角高度來確認航向。他們還為此發明了牽星板，測出所在地的北極星距水平線的高度，這就是一種早期航海儀器。

用牽星術得到的結果自然十分粗糙。後來，指南針大大提高了精確性，逐漸取代了牽星術，在茫茫大洋之上，它能讓航海家大致知道自己的位置和前進的方向。不過指南針最初發明出來並非為了航海，而是服務於陸地上的封建迷信活動。

在宋代，航海家使用長繩撈取海底的泥，再結合經驗來辨識和確定自己所在位置。這也是早期簡陋的海洋測量

工具。

從古代到數百年前，人類都認為海底與海面一樣平坦。後來，航海家發明了測深錘，就是在長繩頭部繫上重物，緩慢的墜入海水，一旦觸底便會發生顫動，測量者可以讀取繩子上的讀數，從而得知水深。由於簡便易行，測深錘現在還在使用。

有了測深錘，人們才發現海底原來崎嶇不平。西元 1504年，葡萄牙人第一次繪製了標記水深的海圖。

透明度盤是另一種早期測海工具，它類似於測深錘，只不過把重錘換成純白色的盤，國際標準為直徑 30 公分。測量時把它緩慢沉入水中，直到看不清盤面，此時讀取繩上的長度，就能間接反映海水的透明度。

當科學高度發展以後，人們便把海洋中採集的實物帶回陸上實驗室進行研究。18 世紀末，航海家使用採水器提取海水樣本，化驗研究。直到今天，透過加裝各種感測器和機械裝置，採水器仍然是海洋科學的重要工具。

達爾文（Darwin）不僅寫過《物種起源》（*On the Origin of Species*），早年他在「小獵犬號」上環球考察時，也製作過大量海洋動物標本。西元 1872 年 12 月，英國「挑戰者號」科學考察船進行考察時，使用拖網獲得了數公里深海洋動物的標本。

依靠這些簡單的手工工具以及科學研究工作，人類累積

了最初的海洋學知識，但要更深入的認識海洋，還要等到科技工具進一步引入海洋學。

▌海洋聽診器

電磁波會在水中迅速衰減，聲波在水裡卻能傳導得比空氣還遠，於是人們就嘗試用聲波探測海洋。西元 1490 年，達文西（Leonardo da Vinci）便發明了聽聲管，可以從水裡聽到遠處船隻的聲音。這就是聲納的原型。

1906 年，英國海軍專家李維斯・理察森（Lewis Nixon）發明了世界上第一種現代聲納，當時只能用於被動聆聽，又稱為「水聽器」。「鐵達尼號」悲劇發生後，水聽器曾經被用來偵測海面上冰山的移動。

1914 年，美國人費森登（Fessenden）發明了「回聲測距儀」。它可以發出低頻聲音訊號，再用電子振盪器接收。利用這個簡易裝置，費森登能測到 3,000 公尺外的冰山。

這是早期的主動聲納。第一次世界大戰中的潛艇戰促進了聲納技術迅猛發展，法國、俄羅斯、加拿大等國紛紛投入研究力量，研發主動式聲納。法國科學家朗之萬（Langevin）使用超音波信號偵測到了水下潛艇，現代版的主動聲納從此誕生。

使用主動聲納可以探測出敵方目標，也會暴露自己，但用於科學考察則沒有這個顧慮。1925 年，德國「流星號」考

察船使用聲納技術考察南大西洋時發現了中央海嶺，揭開海洋地質學的新篇章。如果沒有聲納，僅靠原始的測深錘，考察深邃洋底就是不可能完成的任務。

聲納技術源於軍事，曾經也主要用於軍事。有矛必有盾，各國也在潛艇上配備反聲納裝備，減少被敵方發現的可能。不過大自然沒有這個本領，所以聲納民用化的範圍逐漸擴大。現在，它已經廣泛用於海底地質勘探、魚汛追蹤、海洋石油開發等領域。

用聲納考察海底，必須由船隻在水裡發出聲波。限於海洋調查船的低速度，很多洋底還沒有被聲納涵蓋。飛機雖然快得多，但如果從飛機上向水面發出聲波，在空氣和水的交接面會損失 99.9％的能量，反射的聲波回到空氣時，又損失 99.9％的能量，兩次衰退後，能捕捉到的有用信號不足百萬分之一！

為克服輪船速度慢的缺點，有的國家用直升機吊著聲納在海上拖行，但是使用起來很危險。最近，美國史丹佛大學一個研究團隊開發出空中聲納，它能使用高靈敏度雷射雷達捕捉深海傳回的細微回聲，加以放大後利用。這種聲納技術成熟後，將會安置在無人機上，在幾十公尺高處掠過海面，迅速探測海底，有望成為新一代聲納。

除了主動發出聲波的聲納，當年的水聽器也有大發展。現在，中、美、日 3 國都建有水下監聽系統，它們排成陣

列，安靜的待在海底捕捉聲波資訊。中國的水下監聽系統還配備潛航器和深海滑翔器，能主動對可疑目標進行反應。

各路探海法寶

從聲納之後，人類陸續發明出大量專門用於海洋探測的儀器。它們或裝在船上，或放置在海島上，為科學家收集海洋中的資料。

第二次世界大戰時期，在海戰的帶動下，交戰國投入鉅資勘測海底地貌，也為此不斷研發新型海洋儀器。二戰後，海洋石油勘探又成為重要的利益推手。從精密聲納到海底攝影，從拖行的深海儀器到載人深潛器，海洋地質研究方法不斷增加，人類視野終於穿透平均 4,000 多公尺的海水，進入萬古長夜般的海底世界。

古代海員就已憑藉經驗發現，看似渾然一體的海水裡面還有著不同的潛流。不過，直到海流計發明後，科學家才能準確記錄到海流的範圍。這種儀器能夠測出海水的相對流速，透過不同海域的速度差來劃分海流範圍。

1905 年，瑞典海洋學家艾克曼（Ekman）發明出早期的機械海流計，透過水流帶動儀器裡面的轉子來測量流速。很快，電子技術便運用在海流計上，出現了電磁海流計。水是導體，當它切割儀器中的磁感線時，就會產生微弱電勢，被儀器記錄下來。

現在，海流計已經與聲波技術相結合，出現了聲傳播時間海流計。它可以同時向一道海流的順流和逆流方向發射聲波，透過兩者傳導相等距離的時間差，計算出海水流速。

鹽度也是海水的重要指標，它可以切分海流，並且影響水體沉浮。調查船行駛在茫茫大洋之上，需要迅速得出海水的鹽度資料。現在，科學家已發明出高靈敏度原位快速鹽度測量儀，投入海水後很快就能得到讀數。

大洋盆地往往有幾公里深，海洋學家要用取泥器從那裡獲得實物樣本。這種取泥器透過數公里長繩綁在調查船上，船隻拖拽著它在洋底滑行，收集樣本。

研究海洋的工具，也不一定都要放到海裡才能使用，超級電腦就是一例。為及時計算海流、海洋氣象等資料，必須使用超級電腦。2016 年，位於青島的海洋科學與技術試點國家實驗室就啟用了一臺超級電腦，名叫「高性能科學計算與系統模擬平臺」，運算速度可達到每秒千萬億次，在全球海洋科學研究領域使用的超級電腦中成為冠軍。

這些儀器設備大大開拓了海洋學家的視野。中國擁有全球最大規模的海洋經濟，自然要使用更多的海洋儀器。不過目前在這個領域，高級產品進口率達到 90%。如何提升中國海洋儀器的水準，是擺在我們面前的一個課題。

▎海洋調查船

　　遠洋的客貨輪船都會攜帶儀器，記錄簡單的海洋環境資料，它們曾經是海洋科學研究資料的重要來源。不過，客貨運輸都集中在特定航道上，絕大部分海洋未被涉及。人類要研究海洋，還是需要特殊船隻把專用儀器運到指定位置，這就是海洋調查船。

　　最初，人類沒有專用的海洋測繪工具。大航海時代，地理探測是國家行為，軍艦同時擔負著科學考察任務。隨著研究工具的專門化，製造專用海洋調查船也開始著手進行。西元 1872 年，英國皇家學會將一艘軍艦改造為世界上第一艘海洋調查船，名為「挑戰者號」。

　　這艘長 68 公尺、排水量 2,000 多噸的船，依靠風帆與蒸汽機的混合動力進行了 3 年多的全球海洋考察。他們發現了多達 4,717 個海洋生物新品種，採集到大量海水和海底礦物樣本，將人類對海洋的認識大大推進了一步。

　　德國人於 1915 年建成下水的「流星號」，是海洋調查船的又一個代表，它不是改造於軍艦，從製造時就是專用海洋調查船。「流星號」建造於第二次工業革命後，配備了大量的電子設備，並且第一次用聲納探測了海底地貌，改變了人類「平坦海底」的錯誤印象，海洋考察也從以海洋生物為重點，變成了以海底地質和海水理化性質為重點。

　　冷戰時期，出於軍事考量，各國都在發展大型海洋調查

船。瑞典的「信天翁號」，美國的「北極星號」，蘇聯的「羅門諾索夫號」都是著名的海洋調查船。

最近，海洋考察船越造越大。日本的「地球號」立管鑽探船的排水量已經達到 5.7 萬噸，接近中型航空母艦。它的鑽探深度能達到 6,000 公尺，而大洋地殼最薄處只有 5,000 公尺，有望用它來實現「莫霍」計畫，也就是打穿地殼與地幔之間的莫氏不連續面，直接提取地幔物質。由於深海中有強大的水壓，這樣做不用擔心地幔會噴上來。

1956 年，中國將一艘漁船改造成「金星號」海洋調查船，噸位還不到 1,000 噸。這是中國第一艘海洋調查船，由於續航能力差，「金星號」只能在近海考察。後來，在「挑戰者號」完成環球考察後將近一個世紀，中國終於有了一艘能進入大洋的調查船，名叫「實踐號」。

進入 21 世紀，中國在海洋調查船領域突飛猛進。2012 年，中國開始組建國家海洋調查船隊，當時只有 19 艘，現在已經成長到 50 多艘，數量位居世界第二，而建造中的海洋調查船數量則居世界首位。這個統計，還未包括「國家隊」之外的「地方隊」。現在，連廈門大學都能擁有專業海洋調查船。今後，中國將擁有全球最多的海洋調查船。

▌海上科學研究平臺

　　大家都見過陸地上的氣象臺站，它們星羅棋布，位置固定，裡面配備各種氣象儀器，保持資料紀錄的連續性。經常有工作人員巡視這些氣象站，抄錄資料，現在更有全自動氣象站，直接向氣象部門發回資訊。

　　在地球表面某個位置上進行連續觀測，是很多科學研究工作的需求，如果沒有固定觀測點，資料就無法保持連續性。但海洋與陸地的一大不同，就在於海水不停流動，永遠不會停留在某處，這為設置固定觀測平臺增加了難度。

　　海洋有很多定點觀測任務。以氣象而言，氣溫、氣壓、相對溼度、太陽輻射、風場和雨量這些資料，都需要定點觀測。目前，人類主要還是在占地球表面的 29％ 的陸地上進行這種觀測，但海洋本身還有水質、水溫、鹽度和海流等觀測任務，也需要定點觀測。

　　除了這些常規資料，還有一些特殊情況需要從海面上即時傳輸資料。比如海洋溢油事故發生後，應急部門就要把無線充電式浮標投入溢油區，監測溢油擴散情況。沿海赤潮發生後，也需要小型浮標進行監測。

　　海洋調查船出海執行任務時，船尾經常要拖著一大堆儀器設備，觀測各種資料。遠看過去，彷彿打魚的漁網。由於調查船本身也不能長期停留在某處，這種觀測便缺乏連續性。

　　於是，人們就需要建立固定的海上觀測平臺，把儀器放

到上面長期運作，這就是海洋浮標。小型浮標直徑 3 公尺以下，大型的能達到 10 公尺，相當於無人船的體量。這些浮標放在遠離陸地的海域，無人值守，高度自動化，內建各種氣象水文觀測設備。

由於海洋浮標身在遠海，電池滿足不了長期的能源需求，前面提到的波浪發電、溫差發電、水伏發電等就派上了用場。

海洋浮標獲得資料後，也無法透過網路傳遞，所以衛星便成為它們的工作夥伴。中國有個擁有智慧財產權的衛星網路，名叫天通系統，向海洋浮標提供資料傳輸，便是它的一個服務內容。

除了浮標，進行海洋科學考察還會使用潛標，它們潛入水下，記錄各種海洋資料。不過，要進行定點觀測，定位非常重要，海面上可以由衛星導航系統定位，完全沒入水下的儀器怎麼辦？這就需要一種叫水聲定位的技術。透過水聲換能器，它把定位信號變成聲波，傳遞給水面下的目標。

很多定位觀測設備組成網絡，會讓科學家在廣闊海域上發現某些規律性現象。比如，美國斯克里普斯海洋研究所就透過 3,000 多個浮標，發現了大洋中某種緩慢的海流。這種海流的速度只有每小時 0.022 英里（1 英里約為 1,600 公尺），還比不上初學走路的幼兒的速度，只有靠很多定點浮標聯合觀測才能發現它。

在近海，浮標通常直接繫泊於海底，遠海就無法這樣做。如今，大型浮標已經接近小船那麼大，可以裝載動力系統。當無人船技術與浮標結合後，浮標會徹底發展成小型無人艇，本身配備幫浦式引擎，可以 360 度噴射水流。

這種船形浮標靠衛星導航系統定位，只要偏離原位，就啟動幫浦式引擎復位，以便常年駐守在某個固定位置。

入海之門

2020 年 11 月 11 日，中國「奮鬥號」深潛器成功坐底馬里亞納海溝。自此，深潛器這種海洋科學研究利器再次進入大眾視野。

深潛器看似潛艇，但並非潛艇。為了抵禦強大的壓力，潛海設備內部空間不能做得很大，而潛艇為搭載武器，內部空間又不能很小，所以潛深很有限。蘇聯的核潛艇曾下潛到 1,250 公尺，至今仍保持著世界紀錄。一般潛艇潛入幾百公尺就能執行軍事任務。

科學研究任務則需要對海底進行考察。1928 年，美國人奧提斯巴頓（Otis Barton）用鋼鐵打造出一個球形探測裝置，成為世界上第一支深潛器，當時只能潛到 245 公尺。這一數字不斷增加，22 年後，「的里雅斯特號」就下潛到世界最深的馬里亞納海溝。

絕大部分洋底只有數千公尺，深潛器能達到這個深度就

有實用價值。1964 年，美國伍茲霍爾海洋研究所啟用了「阿爾文號」深潛器，後者成為海洋考察史上的功勛儀器。它發現了深海熱液，打撈過墜海的氫彈，還拍攝過「鐵達尼號」沉船，這段錄影你可以在卡麥隆（Cameron）的電影裡看到。

在海洋數千公尺深處，深潛器不能使用潛艇的推進方式。潛艇使用螺旋槳，要從艇身裡探出一根槳軸，並在軸與主體之間進行密封。潛入幾千公尺，所有密封方式都不管用。深潛器只能把推進器放到艇身之外，因此速度非常緩慢，在洋底航行時，比人類散步還要慢。

為改變這種情況，美國工程師霍克斯（Hawkes）發明了翼形深潛器。他把機翼上下翻轉，嵌在潛水器兩邊。當潛水器達到一定速度後，海水就會在機翼表面產生壓力，把潛水器往下壓。由於借鑑了飛機的原理，其又被稱為深海飛機。不過，它的機翼更像短而粗的魚鰭。這種非主流深潛技術還在實驗中，霍克斯從內陸湖和海邊開始，不斷打破深潛紀錄，最近已經突破了 1,000 公尺。

深海飛機的最大優勢便是速度，甚至可以超過潛艇。如果能潛到數千公尺，它將像飛機淘汰飛艇那樣，把潛艇和潛水器在海洋裡淘汰掉。屆時，人們會更快速的考察洋底。

潛入深海考察，一旦發生事故便無處可逃，也無法救援。2019 年 7 月 1 日，俄羅斯核動力深潛器「AS-12」就在深海裡發生事故，14 名乘員死於電池短路形成的煙霧。「AS-

12」由一串鋼球連接而成，能下潛到 6,000 公尺，也正是這幾千公尺的海水，讓乘員們無法逃生。

為減少危險，各國開發出無人深潛器，母船透過線纜遙控它們在洋底漫步。現在，無人有纜深潛器已經能潛到 7,600 公尺。未來的發展方向是無人無纜深潛器，把它們撒到海裡不用管，成為深海無人機。

中國深潛器研究起步較晚。2010 年 8 月，中國首艘深潛器「蛟龍號」才實驗成功。但當「奮鬥號」成功坐底世界最深處後，中國的深潛器已經排名世界第二了。

深海科學研究站

在科幻劇《大西洋底來的人》當中，經常會出現海底基地，各種大反派在裡面實施奪取世界的陰謀。而在現實世界裡，人類也確實需要在海底建立科學研究基地。

海面上波浪滔天，而深海情況則完全不同。那裡的水流十分緩慢，一股水流從南極大陸外緣下沉到深海，再到達北邊的白令海，需要上千年時間。這麼緩慢的運動，很難搬運得動深海物質，這讓這些深海物質保留著很多遠古的資訊，值得對它們進行科學考察。

雖然已經有了深潛器，但它仍然是深海的過客，需要有長年駐紮在深海的設備。其實，人類在海底很早就投放過一種固定物體，那就是海底電纜，其 19 世紀就進入了大西洋

底，後來又出現了遍布全球海底的光纖電纜網路。

這些線纜本身就是通訊設施。如果把研究儀器投入海底，再由電纜和光纖電纜向陸上的研究基地傳送資訊，就可以實現對海底的即時、連續監測。

美國和加拿大聯合實施的「海王星計畫」就以光纖電纜為軸線，在北太平洋上設置 33 個深海無人觀測中心，可以自動記錄各種資料，還能每隔兩分鐘拍攝附近的魚群動向。透過總長 3,200 公里的光纖電纜，將這些觀測中心連接起來，並與陸地科學研究基地相連。整個「海王星計畫」雖然需要投資 3.2 億加幣，但也只相當於建造一艘海洋調查船的成本。

無人深海設施已經不能滿足人類的科學研究渴望，下一步就是打造「深海空間站」，它可以承載科學家，全天候在深海環境裡工作。之所以稱其為「空間站」，是因為它和太空裡的空間站一樣需要採用全密封保護，甚至比太空裡的空間站要求更嚴。從地面到太空，環境中只發生一個大氣壓的變化，而在海洋裡，每下降 10 公尺就增加一個大氣壓。

早在 1960 年代，法國人庫斯托（Cousteau）就進行過海底生活實驗活動。他們把直徑 5 公尺的鋼球放到海面下 100 公尺，6 名實驗人員在裡面生活了 21 天！在美國夏威夷海洋學院進行的水下實驗裡，他們使用了長 21 公尺、直徑 2.7 公尺的水下浮筒，實驗點位於海面下 159 公尺處。這些實驗證明人類可以在水下進行持續作業，但是這些實驗後來都沒有

了下文。而未來的深海空間站至少要安置在水下 1,000 公尺甚至數千公尺處，不僅要抵抗強大的水壓，人員進出還要保持密封，技術要求比飛船太空對接還要高。

中國已經製造出「龍宮一號」，可運載 6 人，用來檢驗深海空間站的可行性，但只能持續活動不到 1 天。

接下來，人類將製造 300 噸級乃至 3,000 噸級的巨型深海空間站，其本身就是深潛器的水下母船，能攜帶大批深海機器人，並將它們釋放到海底數十公里範圍內。深海空間站駐紮在海底某處，可以考察周圍數千平方公里的海域。到那時，《大西洋底來的人》裡面的描寫就成為了現實。

天地協同

陸地、大氣與海洋同屬地球科學的研究領域，它們之間永遠在交換能量。海洋對其上部大氣有著重大影響，而海洋又涵蓋了地球表面的七成。所以，沒有海上的氣象觀測，全球氣象觀測就不完善。

要彌補這個缺陷，就需要把氣象觀測工具運到海上，並且長期駐留，而海島是最佳地點。中國已經在海島上設有國家基準氣象站、雷達氣象站和海洋氣象觀測站，對海面上空的氣象進行持續監測。

監測颱風是這些海島氣象站的重要職能。為此，還要特別選擇颱風經常路過的地方。以廣東上川島為例，每年 8 級

以上大風要颳 50 多天，至少有兩、三次颱風過境，最恐怖時風力達到了 16 級。氣象員站在風場裡觀測，必須拴上保險繩，防止被颱飛。

海島都是自然形成的，位置固定，但未必都是海洋氣象觀測的最佳地點。氣象專家就把觀測氣球帶到海洋調查船上，在預定海域裡釋放。

1970 年代末，世界氣象組織發起了第一次全球大氣試驗，中國參與其中，任務是把船開到太平洋赤道附近，釋放氣象氣球。現在，每次海洋調查船出海，氣象觀測總是不可或缺的任務。

除了在海面上觀測天空，人們還要從空中觀測海洋。人造衛星上天後，立刻成為人類觀測海洋的工具。就觀測範圍而言，沒有其他工具比得上每天繞地球很多圈的衛星。為了進行長時間觀測，海洋衛星在軌時間比較長，必須發射到中高軌道。另外，海洋衛星多數是極軌衛星，它們的運行軌道通過地球的南北極，這樣可以獲得南北極附近的海洋資料。

早期，人們發射地球資源衛星，讓它們在觀測陸地的同時兼顧海洋。但是海洋觀測也有自己的特殊任務，比如觀測海水顏色，以確定不同海域的海水中有什麼物質。要完成這些任務，需要搭載的設備也不相同。

1978 年，美國發射了第一顆專用海洋衛星「SEA-SAT-A」，並且搭載了一種新工具 —— 合成孔徑雷達。它不

受光照和雲層影響，能夠全天候觀測海面。1997 年，美國又發射了全球首顆觀測水色的衛星，名叫「SeaStar」。

　　1979 年，蘇聯也開始發射自己的海洋衛星，稱為「宇宙」系列，一共有 4 顆。1987 年，日本發射了第一顆海洋觀測衛星，取名「櫻花」。此外，歐洲太空總署、印度、韓國、加拿大也都發射了海洋遙感衛星。

　　最初，中國只能借用國外的衛星研究海洋。中國科學院微波遙感專家曾經利用美國極軌氣象衛星搭載的微波探測儀，對海面氣壓進行測量。2002 年，中國發射了第一顆海洋遙感衛星，名叫「海洋一號」，搭載著海洋水色掃描器和海岸帶成像儀，以觀測海水顏色為主要任務。2011 年，「海洋二號」升空，專門用於觀測海洋動力情況。如今，中國已經有了系列海洋衛星。

海洋是間實驗室

　　出海進行科學研究非常辛苦。一個半世紀前，達爾文跟隨「小獵犬號」進行環球考察，幾年才回一次家。現在海洋調查船每次出海，也要數月到半年時間。

　　如今，天上有衛星，地面有實驗室，研究海洋還需要親自出遠門嗎？當然需要。因為海洋本身的很多課題必須在海洋裡面完成。調查海洋生物多樣性，就是不可能在陸地上完成的任務。人類迄今僅發現了 10 萬多種海洋生物，但是據科

學家估算，這只是全部海洋物種的十分之一，大規模生物調查正持續在海洋中進行著。特別是海洋中層和底棲生物，牠們終日不見陽光，科學家必須親臨現場或者指揮無人深潛器進行採樣。

在陸地上採集到礦物或者生物標本，要帶回實驗室進行檢測。在氣溫、氣壓等方面，陸地實驗室與野外環境相差不大。這是實驗室能夠檢測野外標本的重要原因。但是海洋就不同了，無論溼度、壓力還是鹽分，海水環境與陸地有很大差異。把海洋中的標本帶回陸地，尤其是生物標本，還必須在實驗室裡復原海水環境讓牠們生存。所以，人們需要直接在海洋環境裡進行相關研究。

深海熱液是人們重要的研究對象，現在人們都是用深潛器在熱液裡提取樣本，再拿到陸地上的實驗室進行檢測。這樣很難反映深海熱液區的高溫和超高壓環境，即使在實驗室裡恢復這類環境，也不如在深海熱液區進行原地探測更準確。

這個任務對研究儀器的強度提出了很高的要求。中國科學院海洋大科學研究中心的團隊特別研製出能耐450℃高溫的光譜探針，可直接伸入熱液裡採集資料。

關於海軍武器、海洋運輸之類的技術實驗，更是需要在海洋裡進行。俄羅斯有個內海名叫喀拉海，很多祕密軍事實驗都在這裡進行。核軍備競賽時期，由於氫彈威力比原子彈

強大得多，各國往往選擇在海島上進行試爆。世界上最大的氫彈就是在蘇聯的新地島上爆炸的。

由中國國家海洋局制定的《海洋調查規範》，已經由中國國家標準化委員會確定為國家標準，具有強制性。這個規範對海洋水文、氣象、化學要素、生物調查、地質調查等都做了規定，其中有很多項目都必須在海洋環境裡進行。

由於普遍使用資訊技術，現在的儀器設備已高度自動化，科學工作者相對於前輩多少都有些「宅」，他們須長時間坐在電腦前。

然而，科學研究須具有探險精神。曾經的科學家上窮碧落下黃泉，在地球的每個角落尋找有用資訊，靠的是對事業的熱愛。

如果你選擇了海洋學，就要做好年復一年的奔赴海洋的準備。

第九章　海上人家

　　奇幻電影《神鬼奇航》以風格獨特而著稱。故事中講的海盜，首先是一群在海上生活的人。他們有自己的社會，有自己的視野；他們思考問題的方式也不同於陸地居民。甚至，他們還有一部《海盜法典》來解決海上的糾紛。

　　藝術源於現實，海洋經濟蓬勃發展後，那些以海為生的人建立起自己的社會，創立了獨特的文明。現在，這些都還不是人類的主流。然而，未來呢？

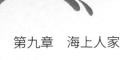

▌濱海社會

　　提起葡萄牙、西班牙、英國與荷蘭，人們都稱它們是海洋帝國。然而復旦大學葛劍雄教授卻指出，如果陸地能夠解決他們自身發展中需要的資源，他們是不會從事航海的。

　　人類第一波海洋開發，就是這樣由邊緣國家「無心插柳」而形成。結果，便是在今天，上述國家無一進入海洋經濟規模排名榜的前列。現在的前三名是中國、美國和日本。尤其中國，2,000 多年都是陸地經濟王國，現在卻毅然轉向海洋，成為海洋經濟大國。

　　下一波海洋開發，人類應該會有意識的利用海洋，改變現有的經濟和社會結構。如今，中、美、日不僅是海洋經濟的前三名，也是目前海洋科學研究成果的前三名，對海洋開發有足夠的理論指導，「據陸向海」將成為長久的國家目標。

　　當然，這個宏偉目標的第一步還不是大洋深處，而是發展濱海社會。圍繞海港發展起來的社會，從簡單的海運開始，逐漸發展出加工製造、內陸貿易、科學研究和教育等行業。在這種社會裡，海洋經濟占主導地位。

　　目前，全球每天平均有 3,600 人從內陸移居海邊，海岸線 60 公里內居住著全球一半的人口，形成了大片富裕的濱海社會。全球前十名的大都市，有 6 座位於海邊，或者有河道直通入海。

　　從南宋開始，臨安、廣州和泉州就成為大型濱海社會。此

後，即使受明清海禁影響，廣州也是典型的濱海社會。上海後來居上，小小的土地面積，GDP 卻占到全中國的十分之一。

雖然海岸線沒有發生變化，但在 1978 年前，沿海是邊防前線。由於國際局勢緊張，濱海地區無法藉海致富，反而有很多地方成為貧困區。

早在 1980 年代，天津塘沽就出現了一個自發的「洋貨市場」。遠洋歸來的海員們帶來外國商品在那裡售賣。後來，這個「洋貨市場」居然成了一個地名。這段故事也記錄著中國濱海社會的恢復。

過去 40 多年中國經濟的騰飛，濱海社會發揮了主導作用。如今，上海、深圳、廣州、天津、大連、寧波、舟山、廈門和青島都宣布要建成「全球海洋中心城市」。在其公布的相關規畫中，不乏「綠色活力」、「大氣磅礡」、「時尚浪漫氣質」等形容詞。這已經超越了經濟範疇，突出了濱海社會的本質特點。在青島、大連、岱山這些地方，當地政府也都著眼於打造海洋文化。

「據陸向海」的第一步，從提升濱海社會開始。

向海洋要陸地

在陸地爭霸的歷史中，一些民族被擠到海邊，無從向內陸發展，只好向大海要土地。另一些國家完全封閉在海島上，也需要向海洋借地。這些國家的人們成為人造陸地的先驅者。

　　荷蘭人是海中建陸的創始者。早在西元 13 世紀，他們就憑藉原始的手工勞動開始了這一壯舉。荷蘭人直接修築海堤，圍住淺海，再從遠處的丘陵取土將它們填平。靠著這種精衛填海般的努力，他們從大海裡「創造」出五分之一的國土。荷蘭人自豪的說，上帝創造海洋，荷蘭人創造陸地。

　　全境「泡」在海洋中的新加坡，也必須向海洋要地。新加坡從鄰國購買土石方，以每天 1.4 萬平方公尺的速度不斷向海洋拓展。

　　第二次世界大戰以後，日本成為填海大國。從 1966 年開始，他們在神戶外海建設人工島，目前面積已經超過 4 平方公里。上面有港口、商店、展館、學校和醫院，成為一個完整的海上城市。日本還有個「國土倍增計畫」，要在兩個世紀內填出 1 萬多平方公里的陸地！

　　日本還計劃在東京附近的海灣裡建造「天空英里塔（Sky Mile Tower）」，高 1,600 公尺，差不多是杜拜哈里發塔高的一倍多。它是「東京 2045 計畫」的一部分，而這個計畫的主要目標就是應對海平面上升。設計者認為，如果在海濱把建築盡可能豎起來朝天空發展，就不用怕海平面那一、兩公尺的上漲。

　　按照計畫，「天空英里塔」底層是基礎設施，中間是工業區，上層是居住區，能住 5 萬人，還能吸引 50 萬人從遠處來此工作。這麼高的建築當然需要各種新設計，比如透過收集

雨水來解決淡水的供給。

人工島不同於一般的填海造地，它們不與陸地接壤，只靠海底隧道或海上棧橋與陸地連通，或者完全靠船運。在明代，沿海居民在大洋中建立各種「墩」，以儲存物資和避風，這就是原始的人工島。隨著經濟發展，各國都在建設人工島，它們或者完全填海建造，或者以小島為基礎擴建而來。

從 2003 年開始，杜拜建設「世界島」，力求成為最大的人造島項目。「世界島」包括 300 個人工島嶼，按照五大洲的位置分布，組成微縮版地球，上面有住宅、飯店和休閒旅遊設施。由於在金融風暴中資金鏈斷裂，「世界島」成為全球頭號爛尾工程。但它樹葉般的優美形狀仍然不時出現在各國旅遊節目當中。

中國雖然土地廣闊，但不乏香港這樣局部缺土地的城市，香港就有大規模的填海造地工程。2019 年，香港計劃在新界建造人工島，面積達 10 平方公里，可建 20 萬間房屋，一舉解決香港住宅吃緊的問題。這個人工島將成為香港新的經濟開發區，提供數十萬個就業機會。

在南海七連嶼和永興島這些地方，中國已經透過吹沙填海，將陸地面積翻倍。永暑礁上新建的機場已經可以起降波音 737 和空中巴士 A320。

在海平面不斷上升的今天，填海造陸和吹沙擴島都會以更大的規模去實施。

▌海中的足跡

打開世界地圖，你會在海洋裡看到一條條虛線，縱橫交錯。它們就是海洋航線，刻印著人類在海洋裡的足跡。當人類還無法長居海洋時，水手們不是航行在既定航線上，就是為尋找新航線而出海。今天，也正是海洋航線編織起人類命運共同體的骨幹網。

人類在文字形成以前就開始航海，那時航線保存在水手的記憶中代代相傳。通常情況下，水手們都是緊貼海岸線行駛，遇到危險隨時靠岸。不過，就是在那個無文字的時代，太平洋中的玻里尼西亞人卻能夠散布在很多島嶼上。到現在為止，考古學家仍然未能完全理解他們如何掌握了遠洋航線。

歐洲最早關於航線的文字紀錄出現於西元前 4 世紀雅典作家色諾芬（Xenophon）的《長征記》（*Anabasis*）。在中國，最早記錄海洋航線的是《漢書·地理志》。從戰國時期的齊國開始，中國便開闢出了前往朝鮮和日本的航線。在漫長的中古時代，中國與南亞和阿拉伯地區之間都有頻繁的海洋運輸，也在沿途形成了固定航線。鄭和下西洋時使用的海圖，名為《自寶船廠開船從龍江關出水直抵外國諸番圖》，是全球保存下來的最早的海圖。它也是到這個階段為止，人類開闢航線的集中展現。

進入大航海時代，西歐諸國探險家紛紛出發，在大洋上尋找新航線。從美洲到非洲，從大西洋到太平洋，一條條新

航線被開闢出來。他們甚至跑到美洲最南端的火地島，以及最北端的北極群島，在這些島嶼的縫隙裡尋找可能的航線。歐洲人正是憑藉對全球航線的整體認識，一躍成為數百年歷史走向的掌控者。海洋航線就是編織人類近代史的經緯線。

即使在今天，人類開拓海洋新航線的歷史也尚未結束。最前沿的目標莫過於「西北航道」和「東北航道」。從亞洲出發北上，穿越白令海峽，再經俄羅斯外海到達西歐，這條航線稱為東北航道。如果從白令海峽經加拿大外海再到西歐，則稱為西北航道。

早在大航海時代，歐洲人初步掌握全球水陸分布概況之後，便有人推測沿這兩個方向能到達富裕的東亞，比當時繞經非洲好望角的航線要短得多。但是沿途海島密布、萬里冰封，從哪裡航行才能安全通過？一代代航海家都在探索這兩條航道。荷蘭人巴倫支在新地島遇難，他當時的任務就是尋找東北航道。

這些年由於北極冰蓋收縮，一年中有好幾個月這兩條航道都能夠通行大型貨輪。如今，越來越多的遠洋船隻經過這兩條航道，它們接通東亞和西歐，成為中國外貿線上重要的新航道。

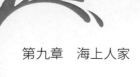

海上員工

雖然家在陸地，但是職業生涯主要在海洋上完成，靠海洋累積個人財富，改變個人命運，這樣的人稱為海上員工。這是第一批「海人」，也是人類社會中比例越來越大的一個族群。不同於小農經濟時代的漁民，海上員工受僱於大型企業，或者政府。他們的勞動工具體量大、技術先進、續航能力強。今天，海上員工已經成為海洋經濟的主力軍。

在大航海時代，海員們出海一次，時間通常以年來計算，這期間他們日日夜夜都在海洋上工作，數百平方公尺的甲板就是他們的生活空間。今天，中國有些遠洋漁船還會以年為工作週期。

海洋科學家是另一個以海為家的族群。他們常年生活在海島上，或者隨海洋調查船出海。如果要是往來南北極，更是一、兩年見不到家人。海洋風機維修員則是新的海洋職業，他們的任務是駕船出海，維修一臺臺海洋風機。在最近的科幻片《TENET 天能》（*Tenet*）裡，主角藏身在海洋風機當中，其中便有幾個鏡頭給了這個族群。

在帆槳時代，出海全靠體力，船舶上是清一色的男人。這樣的社會分工會產生副作用，船員們把妻兒留在岸上，導致家庭問題不斷。直到 1980 年代，筆者的老師都會善意的提醒男生報考與航海有關的科系時要慎重些。蒸汽機輪船出現後，體力勞動在航海中的成分不斷下降，越來越多的女性

員工上船出海。在海洋調查船的科學考察隊伍中，在郵輪的員工中以及漁業船上，常年在海面上工作的女性已經有相當比例。

在陸地上，各種生活材料可以向工廠和礦山附近的社會購買，學校、醫院這些設施也都可以由大型工廠自行建設。而在海上作業，就必須攜帶各種補給。如今，受制於運輸能力和海上儲存能力，海上作業補給範圍還很有限。不過，隨著船隻體量的不斷增加，諸如商店、電影院這些娛樂場所已經紛紛上船。未來，如果出現可以容納上萬人，駐留時間以十幾年計算的巨型海上平臺，那麼大型購物中心、學校和娛樂設施也會紛紛建在上面，甚至可以出現高等級醫院。以南太平洋為例，幾百萬人散居在幾千萬平方公里的海域裡，很難在每座小島上都建設高等級醫院。遇到疑難雜症，島嶼上的小醫院很難處理。中國「和平方舟號」專業醫院船經常航行到南太平洋諸島，為當地病人診療。

海上平臺逐步完善後，由於它們本身就是資本密集型企業，會為員工建設高等級綜合性醫院。除為本平臺人員服務外，還會就近收治島嶼上的病人。

一旦這些後勤行業遷入大海，海上員工的成分就逐漸與陸地接近，而不再是清一色的男性青壯年。屆時，「海半球」上也將出現完整的人類社會。

船舶社會

《鐵達尼號》曾經雄霸世界電影票房榜首 10 多年，它還創造了一個奇蹟——幾乎所有情節都發生在船上，那裡有職業分工，有階級分野，有民族界限，有人類社會裡面的各種矛盾。全片陸地鏡頭不足十分之一，這樣一部電影卻吸引了有史以來最多的觀眾，「船舶社會」的獨特魅力得到了很好的展示。

船舶社會是海洋社會學的概念，指一群人長期生活在船舶上所形成的社會現象。當船舶體量還很小，只用於內河擺渡時，不會形成船舶社會。這種獨特的人類社會出現在遠洋船隻上。進入大航海時代，一次遠航要數月到數年。後來，配備有製造淡水設備的捕鯨船創造過 4 年不進港的紀錄。在此期間，對於船員來說，作業船本身就是人類世界的全部。船上所有人都要在狹小的空間裡密切接觸，形成了獨特的社會現象。無論是船員們共同抵禦風暴，還是水手們反抗船長，都是船舶社會裡獨特的現象。

17 世紀的英國海盜巴索羅繆·羅伯茲（Bartholomew Roberts）甚至編寫過船規，為管理船舶社會定下規範。這個人就是《神鬼奇航》中傑克船長的原型，他那個簡單的船規也被電影誇張為《海盜法典》。

鐵達尼號上之所以能形成複雜的船舶社會現象，原因在於它是當時體量最大的郵輪，還兼有班輪性質，可以讓各色

人等漂洋過海。如今，大型遠洋郵輪仍然是成分最複雜的船舶社會。在那些排水量超過 10 萬噸的巨型郵輪上，除去來來往往的數千名遊客，還有 1,000 多名工作人員，他們中間不僅有水手、服務生，還有廚師、演員、醫生等。這些人不像普通遊客那樣只在船上待幾天，他們通常在海上工作幾個月才會有假期。與陸地員工不同，他們與家人相處的時間要短於在海上與同事相處的時間，所以他們必須學會如何與陌生人、與無血緣關係的同事打交道。這些郵輪上的員工往往來自許多國家，他們還得學習外語，學會如何與不同民族的同事打交道。

除了郵輪，海洋調查船上也有複雜的社會現象。科學家有男有女，來自不同專業，經常也會來自不同國家，他們要在大洋上工作數月，甚至跨年。他們也要在相處中學會合作，學會理解和溝通。

隨著船舶越造越大，船舶社會裡也會產生越來越多的故事。在不遠的未來，當海面上出現超大型浮體和半潛式浮城以後 —— 它們當中的每一座都是海洋城市，它們將會是船舶社會的極致。

島嶼新世界

在韓寒的電影《後會無期》中，主角生活在東極島，受到廣告的引誘買了一輛車，無奈這個島只有 11 平方公里，車子整日停放在家中。終於有一天，他和夥伴們開著車離開海島，暢遊大陸。

提起島嶼，人們往往會聯想起英國和日本那種島嶼國家。不過，雖然它們在理論上算是島嶼，但由於面積很大，兼備各種地貌，在上面生活的人完全把它們當成微型大陸。相反，那些小到在任何地方都能看到海邊的島嶼，會組成一類特殊的海洋社會。由於面積小，人口稀少，小型島嶼無法形成完整的產業鏈，這是它們與英國和日本這些島嶼國家的不同之處。在航海技術沒有發展起來的時候，島嶼與外界長年封閉，經濟發展十分緩慢。隨著人類逐漸走向富裕，以及航運能力的不斷發展，島嶼也開始改變面貌，印度洋的馬爾地夫便是其中的典型。馬爾地夫的最大島嶼馬累島只有 2 平方公里，相當於中國的永興島，其他很多島嶼曾經完全無人居住。

歷史上的馬爾地夫默默無聞，主要物產就是船隻上使用的繩索，間或有船隻在躲避熱帶風暴時靠岸。1972 年，該國引入西方旅遊公司，以島為單位進行旅遊開發。四十幾年過後，馬爾地夫已經成為全球海島旅遊經濟的榜樣。在它的帶動下，印度洋的模里西斯、太平洋的大溪地等，都靠與全球經濟接軌而翻了身。

這些國家並沒有有名的人文歷史可以展示給遊客，各種旅遊島嶼完全依靠現代科技打造出舒適的旅遊體驗。它們往往配備快捷的網路，有水上飛機和高性能船隻進行運輸，更有遠洋航班通往世界各地。住在島嶼度假村裡，身體與世隔絕，卻能及時和世界溝通。接下來，由於已經建成優良的基礎設施，隨著網路辦公技術進一步發展，不排除這類島嶼會成為菁英階層的長期辦公地點和會議地點。

在中國，島嶼社會曾經長期屬於扶貧地區，絕大多數有人居住的島嶼上沒有工業，只有漁業和少量的種植業。而且，很多小島最重要的問題不是發展經濟，而是解決淡水供給。

隨著海洋經濟的發展，這些島嶼反而變身為重要的經濟區。中國的海島縣中，山東的長島縣（現已撤銷）、浙江的嵊泗縣都位列該省平均每人 GDP 第一，其他如廣東的南澳縣、福建的平潭縣、遼寧的長海縣，也都是當地的富裕縣。

陸地移民

科幻片《這個男人來自地球》（*The Man from Earth*）講了這樣一個故事，主角歐德曼活了 1.4 萬年，在今天成為一名歷史學家。為了掩蓋自己不死的祕密，他必須每 10 年搬遷一次，並更換身分進入新的生活。

如果真有人能活這麼久，他能看到的最大變化可能就是海平面忽升忽降了。以福建為例，1.5 萬年前的海平面比現在

低 120 公尺到 160 公尺，從那時到現在，全球淹沒的陸地相當於一個南美洲那麼大。而在 5,000 年前，海平面又比現在高出 4 公尺。

在古代，人類為什麼沒有關於海平面升降的紀錄？首先是因為在 3,000 ～ 5,000 年前，海平面到達現在的位置後，基本沒什麼變動。其次是因為古文明都誕生在內陸，後來才逐漸朝海邊轉移，大多數古代文明對海洋並不重視。

今天的情況則完全不同，人類的主體已經靠海而居。所以，今天海平面的升降對人類影響很大。上海、天津這些大型工業城市都受海水倒灌的影響，如果本世紀末海平面升高 1 公尺，勢必影響很多海濱城市的生活。怎麼辦？是填海、築堤，還是回遷內陸？飽受風暴潮威脅的美國紐奧良就有人設計了海上城市，希望能永久在海上定居。

紐奧良是座海濱城市，2005 年因颶風災害而被人們所熟知。紐奧良平均海拔已經低於海平面，最低處比海平面低 3 公尺，平時就靠防洪堤、排洪渠和水幫浦解決問題。颶風「卡崔娜」摧毀了該市的防洪堤，導致了災難的發生。事後，當地在原防洪堤外面建了新的防洪堤，暫時解決了問題。然而，紐奧良其實是世界很多海濱城市的縮影，它們或者已經低於海平面，或者未來一個世紀內會低於海平面。但如果生活在漂浮於海面上的人造浮城，那麼無論海平面如何變化，都不會受到影響。

作為永久性解決問題的辦法，「紐奧良海洋城市」設置在離舊市區不遠的海面上，這樣，當地居民可以隨著新城擴建而陸續遷入，不會導致人口與職業的劇烈變化。這是一座模組化城市，在陸地製造出模組後，在海面上組裝。不過，紐奧良本身就是個經濟不太發達的城市，新建的海洋城市雖然在設計上很大膽，但現實中卻沒錢建造。然而，對於紐約、上海、東京這些既有錢，又急需解決海侵問題的海濱大都市來說，海洋城市的方案就可以考慮。

這種以陸地移民為主的海洋城市，將建立在陸地舊城附近，以便使原城的職能平穩過渡。以上海為例，最重要的金融業可以先搬遷到海洋城市，然後吸引越來越多的行業遷過去。

海上聯合國

如今一發生國際爭端，人們就會問「聯合國在哪裡」，其實，直到 2019 年，聯合國會費總額才 30 億美元。

聯合國如果想真正做點實際工作，必須有獨立財政來源。各國會費來自各國財政，聯合國沒法插手，但是在各國主權範圍之外的地方，聯合國卻有權管理，這包括太空、南極洲和公海。既然太空和南極洲暫時不能進行商業開發，聯合國的財政來源有可能先從公海和區域中獲得。

公海占海洋的 90%，占整個地球表面的 65%。公海下面

的洋底在國際法中叫做區域，由聯合國下屬的國際海底管理局管理。可以說，大部分地球表面不屬於任何一國，而是由人類共有，這些地方客觀上需要管理者，那當然只能是聯合國。它可以從這兩處的經濟活動中收稅，並且成為這些地方各種糾紛的仲裁者。

由於技術條件限制，各沿海國家目前主要開發周邊領海和專屬經濟區，公海和區域的開發都還沒有開始進行，但是已經箭在弦上。如前所述，十幾年內，人類將會開發深海的礦產和生物遺傳資源，而這些領域都已經出現法律糾紛。

區域中的生物遺傳資源最為典型，它主要來自深海底棲生物，只有裝備了深潛器的國家才能談得上開發，全球也就 10 個左右的國家有這樣的實力，它們希望先到先得。而那些沒機會開發的國家就希望把區域作為人類共同的資源，實施共用。

能解決矛盾的可能只有聯合國，最佳方案是允許各國企業開發這些資源，同時向聯合國相關機構交資源稅，再用這筆稅收補貼開發中國家和科學研究與教育事業。

深海礦產存在著同樣的問題。現在還只是小規模試採，沒人賺到錢。一旦開採成本下降，能夠規模化經營，很可能是一筆數千億美元及至上萬億美元的生意。如果收益全部被一、兩個國家甚至一、兩家公司拿走，肯定會受到抵制。而聯合國有資格從這個行業裡收稅，並對沾不上光的國家進行轉移支付。

甚至,聯合國總部和它的各種機構也可以考慮搬遷到公海。目前,聯合國總部位於美國紐約,雖然聯合國聲稱其所在地是一塊國際領土,但是外國政治家要進出聯合國總部,還需要美國簽證,美國也經常藉機動手腳。

聯合國總部占地 6 萬平方公尺,一個設有機場的超大型浮體完全可以容納它,甚至把分散在各地的聯合國機構都放在海上。

有海洋經濟的強大支撐,聯合國可能不再只是開會的地方,而是真正能夠救災、扶貧和維持和平的人類共同機構。

海上民族

2003 年,筆者在海南旅遊期間,從導遊那裡知道了一個不屬於 56 個民族的獨特族群 —— 蜑家人。56 個民族都在陸地上生活,只有他們完全漂泊在海上。

蜑家人是廣東、廣西、福建和海南所有水上居民的統稱。傳統蜑家人從出生就在船上,終生不在岸上定居。透過打魚、擺渡這些謀生方式,他們與陸地居民進行交易。廣東著名地方小吃「艇仔粥」就源自他們的生活。

由於不能上岸,過去蜑家人幾乎教育程度都不高,無法記錄自己的歷史。據學者研究,他們可能是由古越人或者古漢人演化而來。由於長期在水上生活,他們在陸地上沒有財產,十分貧困。

　　蜑家人的全部資產就是船，一旦出海漁獵或者駕船運輸，就相當於全家搬遷。這與陸地上人們安土重遷的習慣呈鮮明的對比。所以，蜑家人通常只能在內部通婚，這樣就繁衍出一個以船為家，居無定所的特殊族群。

　　歷史上蜑家人總數究竟有多少，已經無法統計。20 世紀初，蜑家人可能占廣州市民的十分之一。直到民國時期，政府才以法律形式宣布蜑家人有公民權利。1949 年以後，政府特別在廣州為蜑家人劃出一個珠江區，並出資協助蜑家人上岸定居。今天，完全過水上生活的蜑家人幾乎已經消失。

　　除了中國的蜑家人，地球上還有一個純粹的海洋族群，名叫巴瑤人。他們以菲律賓為中心，分散在 6 個國家當中，人口總數有 40 多萬。巴瑤人也沒有文字歷史，學術界迄今研究不出他們的來歷，大致認為他們是從陸地農耕民族中分化出來的。

　　雖然像威尼斯這樣的濱海城市，人們外出行動也靠船，但是巴瑤人完全住在海上。他們的船又叫船屋，一個部落的船屋通常集合起來出海打魚，互相協助。他們與陸地居民交易海產品，中國很多餐廳裡都有他們的工作成果。由於長期潛水，巴瑤人的脾臟都比陸地人的大。

　　無論蜑家人還是巴瑤人，地方政府都從人道主義角度幫助他們在陸地上定居，因此這兩個族群的人數越來越少。不過，這些海上生、海上長的人群，一直從海洋視角觀察

陸地，他們眼中的世界一定與我們不同，只是很少有人予以記載。

只有少數文藝作品描寫了這種特殊的「海人」視角。在科幻片《水世界》（Waterworld）中，全球幾乎都被水淹沒，人類生活在海上木屋或者廢棄的輪船中。由於習慣了波浪，一旦踏上陸地就會「暈地」。而在過去，蜑家人就有這個特點。

在《海上鋼琴師》（The Legend of 1900）中，主角是1900 年被船員們在輪機艙裡發現的棄嬰，於是大家就叫他「1900」。他被海員們撫養長大，終生不離開那艘船。他幾次有機會登陸，都因為難以適應陸地而返回，直到輪船報廢拆解時，他選擇與船同亡。

無論真實的「海人」，還是藝術作品裡的「海人」，命運都非常不幸。然而，將來的「海人」可能不是這樣，因為他們來自陸地，可能是知識水準最高、經濟能力最好的族群。

未來的「海人」

在凡爾納的名著《機器島》中，島上不僅有居民、水手，還有軍隊和警察，可以抵抗海盜，與英國海軍對抗。最後，他們還要選舉執政官。總之，這是徹底的海洋社會，也是人類走向海洋的終極目標。

大批陸地人群將會定居海上，形成未來的海洋族群。其

首要條件是海洋上有了工業，它們目前可能在荒島上，或者在半潛式浮城、超大型浮體上。它們不再是鑽井平臺上那一畝三分地，其面積將以平方公里計。以南太平洋諸島為代表，很多遠離大陸的島嶼都會成為高新科技產業園區。

像蜑家人和巴瑤人那樣，海洋社會要有獨立的產品來與陸地進行交易。從目前情況來看，這些工業品都是高附加價值產品，能夠在海陸交易中占上風。

海洋社會擁有比陸地更多的平均每人資源、更高的平均每人產值，必然會吸引陸地上高技術族群向海洋遷移。海洋工業為了留住員工，也要擴建生活設施。由於有足夠大的面積，這裡將會有定居點、醫院和學校，滿足一個人從生到死的各種需求。

海洋員工的性別比例也會發生變化。過去，無論海員還是海洋石油工人都是典型的男性職業。中國海員雖然有六分之一是女性，但幾乎都在內陸和近海工作，深海遠洋一律是男性的世界。將來，海洋產業的科技成分越來越高，工作風險逐漸下降，必然會吸引大批女性前來就業，最終達到性別比例的平衡。

未來的海洋員工將在海洋社會安家立業，他們的孩子會出生在海島，甚至出生在人造浮城上。新一代人從小就在海洋上生活，以海為家，由於他們大多來自科技工作者家庭，教育水準也會普遍高於陸地。

在工業設施完備的同時，康養體系也會在海洋上建立，它們能吸引陸地上的老年人在海上安度晚年。如今，大型郵輪的主要消費者就是中老年人，很多海洋城市的設想也以向老年人銷售居所為主。未來將有很多高品質的養老機構出現在大海上。

當純粹的海洋社會具備競爭力後，趨海移動會進一步加速，大批陸地居民將跨越海岸線，把海洋視為歸宿。拋開人工島不談，就以南太平洋諸島來說，其自然條件完全可以容納幾倍於現在的人口。只是由於缺乏經濟前景和基礎設施，域外人群才只把這裡當成旅遊目標。

當大批海邊居民成為海洋居民後，他們留下的位置將由內陸居民填補。人類主體繼續由「地半球」移向「海半球」。這一切將發生在未來的一到兩個世紀內。

未來的「海人」不僅工作在海上，他們還要在海上娛樂、消費。他們開始用海洋的眼光看待陸地、看待地球、看待人類的未來。最終，在海洋裡將會誕生新的文明。

它會是什麼樣的呢？

第十章　海之文明

　　地球其實是水球，那麼，人類是否也會成為「海人」呢？

　　在古猿和南方古猿之間，有段長達 280 萬年的化石空白期。
1960 年，英國人類學家哈代（Hardy）提出假說，認為這段時間人
類祖先下海生活，才為我們留下光滑皮膚、真皮層脂肪與含鹽的眼
淚這些海洋生物痕跡。

　　「海猿」到現在還是一種假說，人類進化為「海人」，卻很可能
會在幾個世紀內發生。當然，未來的「海人」與我們並沒有身體上
的區別，他們將使用完全不同的科技，建立完全不同的文明。

　　讓我們在本書結尾，一起暢想這個偉大轉變吧！

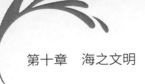

海洋經濟，從附屬到主體

曾經有種觀點認為，人類正從工業社會發展到資訊社會。受其激勵，美國人彼得·提爾（Peter Thiel）投資資訊產業，並成為鉅富。此外，作為全新的探索，彼得·提爾開始投資「海上家園計畫」，試圖建設一個永久性海上基地。

下一個時代可能不是資訊時代，而是海洋時代，在這裡才能獲得物質資源的躍升。海洋時代的第一個宣言來自《海底兩萬里》（20,000 Leagues under the Sea），凡爾納設想了完全不依賴陸地的海洋經濟。尼莫船長和部下反感陸地文明，甚至不吃陸地食物。他們吃海鱉的裡臀、海豚的肝、鯨奶油糕，從北極海藻中提取糖，用海洋生物「秋牡丹」製造果醬。

這個海洋部落用貝類的足絲做衣服，從地中海海兔中提取染料，從海產植物中提取香料，用大葉海藻製成床墊。他們用鯨魚鬚製成的筆蘸著墨魚汁寫字。他們還進行海底養殖，培育巨型珍珠，然後拿到陸地上賣錢，資助各國民族經營事業。如此下來，尼莫船長不僅可以在海洋裡自給自足，還能實現「出超」。

從能源到材料，從食物到服裝，打造完整的海洋經濟鏈，這個宏偉的設想當然不可能在一艘潛艇裡實現，而是需要完整的海洋工業。目前，海洋經濟在國民經濟中的比重不斷增加，預計到 2030 年，海洋經濟將占中國經濟的 15%。

對於馬爾地夫這類島嶼國家而言,國民經濟的基礎就是海洋經濟。不過,大中型經濟體還沒發展到這一步,即使是四面環海的新加坡,海洋經濟也只有十幾個點的比重,其原因很大一部分在於本書前面提到的那些海洋高科技,很多都還沒有投產,海洋經濟的空白點太多。以海底採礦為例,現在的業績還是零,因為第一艘深海採礦船還沒有正式投入營運。

　　海洋製造業和礦業一旦形成規模,海洋能源開發也會跟進。如今,成規模的海洋能源只有深海石油和海洋風電,它們也完全服務於陸地經濟。如果洋流發電廠、水伏發電廠甚至水滴發電廠大規模建成,海洋能源比例就會大大提高。但是,這些發電廠並不能遠距離輸電,必須等海島經濟或者海上工業發展起來才行。

　　再以深海魚為例,人類從全部依靠捕撈,發展到現在的半養半捕。將來如果深海魚基本靠養殖,海產消費還會大大提高。幾十年前,中國人哪裡能吃到鮭魚?現在小城市的餐廳都有供應,原因便是改捕為養。在鮭魚的主產地挪威,野生鮭魚只有幾百萬尾的存量,而人工飼養量已經超過 1 億!

　　隨著海洋經濟的發展,一些與之內容重合的陸地經濟將會萎縮,典型的就是採礦業。在陸地發展礦業,極大的破壞了環境,這個隱性成本也正在礦產品價格上呈現出來。當海底礦產被大規模開採後,陸地礦產企業會大規模停業。

最終會有一天，海洋經濟在國民經濟中的比重超過50%，人類變成主體在海洋的種族。從 2050 年到 2100 年，這個目標有可能會在其中的某一年實現。

海洋金融，新文明的加速器

將本求利這種模式並非現代社會才有，過去的老地主都會用。但是進入工業時代以後，資本與尖端科技相結合，既助推了後者，又讓其本身暴漲。從蒸汽機到鐵路，從鋼鐵到石油，從電子到資訊，資本總能捕捉到每個時代的科技焦點。過去 100 年造就的全球首富，都置身於當時的科技前沿。那麼，海洋科技呢？

大航海時代，投資一艘船讓它們跨洲越洋，不但時間長，而且風險大。歐洲很早就誕生了海洋金融。海洋經濟屬於資本密集型經濟，樣樣都要用錢，成敗又事關國運，純粹靠市場不能解決問題。所以，從西班牙國王資助哥倫布開始，海洋金融又增添了濃厚的官方色彩。

今天，專注於將海洋科技轉化成生產力的金融事業不算很多，還無法與資訊行業相比，但已經有了很好的開端。

1950 年代，日本政府成立政策性銀行，向本國造船業貼近，讓日本一度成為世界造船王國；挪威的一些銀行也為本國的造船和航運業提供優惠貸款，實現小型商業銀行無法實現的功能。

新加坡四面環海，無海不能立國，所以新加坡很早就成立海事技術革新基金、海事資訊發展基金，任務就是把高科技轉化成海洋經濟。甚至開發中國家也是如此。肯亞有個沿海開發項目，就是由政府向世界銀行貸款做起來的。

　　世界上有不少海洋經濟中心城市，當地有大量的海洋金融資本。倫敦、奧斯陸、休士頓等地都是海洋金融的重點城市。尤其是歐洲人，因為靠大航海起家，所以他們高度重視海洋經濟，歐洲銀行在國際海洋金融中占據六成以上比例。

　　中國的現代海洋經濟起步很晚，但是發展很快。海洋金融風險很大、資金密集，多數私人企業缺乏實力，所以國家要發揮主導作用。中國銀行在這個領域世界排名第三，而且國家已經成立了中國海洋發展基金會和中國海洋策略產業投資基金。

　　上海、深圳和天津都在打造「全球海洋中心城市」，並且將金融作為基礎。深圳就建成了前海國際船艇交易中心，上海海洋大學還開設了金融學科系。

　　海洋金融的專業性非常強，不懂海洋科技就無法在這個領域立足。海洋金融也長期支持這個領域的高新科技實踐，比如潮汐能發電廠至今沒有明顯的贏利，全靠金融業支撐。

　　現在，海洋金融還是陸地金融的附屬品。將來，中國會出現專業的海洋銀行、海洋保險公司等，一些風險投資公司也會向海洋靠近。在中國，農業、地產、重型機械、造紙、

電子商務等領域都出現過首富，未來的中國首富可能出現在
海洋領域。

▌海上科學院

　　1986 年筆者參加完大學入學考，和全班同學一起聽班導
師公布錄取結果，有位女同學考入廈門水產學院，引起同學
們的一陣訕笑。聽上去，考入這個學院就像發配到了邊疆。

　　在今天，海洋科學的地位也好不了太多。在整個學科劃
分上，海洋科學是二級學科，劃在地球科學之下。

　　在 2019 年到 2020 年全中國大學排行榜上，中國海洋大
學位列第 46 名，算是「世界高水準大學」；上海海洋大學排
到 188 位，算是「中國高水準大學」；其他海洋大學都排在
200 位以後，勉強算成「區域高水準大學」。

　　然而，當未來的海洋社會建成後，情況可能會發生變
化。在超大型浮體或者海上浮城中會誕生海洋科學院，一批
批在海洋上出生、在海洋上長大的年輕人會考入這些院校。
在那裡，海洋研究會成為重大課題，很有可能是最重大的課
題，因為那就是在研究他們生存的世界。

　　變化可能會一步步發生。最初的海洋社會以生產和科學
研究為主，但是聚集著大量海洋學人才。另外，還有一些太
空梭測控、地球物理等方面的專家，也都要基於海洋開始他
們的研究。

當海洋科學研究資料累積到一定程度時，會對某些基礎科學理論產生影響，比如生命的誕生、地球板塊運動等。海洋在研究價值上變得更加重要。

大量的海洋科學研究裝備常年運行於海上，最初它們要把資訊發送回陸地，由陸地上的研究機構來分析。慢慢的，一些綜合性海洋研究機構會建在海洋上，形成海洋學院的初步形態。

隨著海洋經濟在人類整體經濟中的地位不斷提升，並且其高度依賴技術進步，海洋領域工程技術人員在整個科技工作者中的比重也會上升，他們會擴大本學科的話語權。

海洋是海洋科學實踐的前線。海洋科系的人最初在陸地上接受教育，但是在海上完成實習。再往後，隨著超大型浮體和海上浮城的建立，完整的海洋社會開始形成，少數海洋學院會將某個學科常年設置在海上。再往後，海洋社會會有自己的基礎教育機構，很多在海上成長的青少年不再到陸地上求學，而直接選擇身邊的海洋學院。而陸地上成長的青少年也會報考海上大學。

最後，我們會看到真正的海洋大學 —— 一些完全建立在大洋深處，隨著浮城到處移動的大學。研究海洋是海洋科學的出發點，而從一開始海洋科學就從海洋角度研究陸地、研究地球。這就是全新的海洋科學。

▎海洋樂園

　　旅遊業是近幾十年間發展最快的行業之一，海洋旅遊又是其中的重點。如果將以濱海社會、海島和郵輪為目標的旅遊也算進去，海洋旅遊已經占據全球旅遊業的半壁江山。而在一些沿海已開發國家，海洋旅遊能占據整個旅遊業三分之二的比例。

　　以海洋為旅遊目標，並非只要有良好的海濱地形就可以，更需要建設現代化旅遊設施。海南島在這方面是個典型案例，它曾經是邊防前線，雖有沙灘碧海，卻不能進行旅遊開發。直到 1980 年代以後，當地才大規模開發旅遊資源。

　　海南島三亞市有一座蜈支洲島，以前是軍事用地，島上戰備工事縱橫交錯。從 1990 年代開始，這裡改建旅遊度假區，如今已成為知名景區，是著名的網紅打卡地。

　　馬爾地夫更是海洋旅遊業的代表。1970 年代以前，那裡還是無人關注的珊瑚島群。從 1972 年開始，該國政府向國際社會開放旅遊資源，吸引旅遊公司來共同建設。那一年，只有 1,100 人到該國旅遊。現在，正常年分都會有 100 多萬人次到該國旅遊，而馬爾地夫整個國家才 50 多萬人。馬爾地夫成為建立在海洋旅遊業上的國家。

　　海濱旅遊對科技的要求也很高，除了旅遊設施要有科技水準，易受到風暴潮和海嘯影響的旅遊區更需要有高科技預警。2004 年印度洋大海嘯中，瑞典的國民死亡比例超過大部

分印度洋沿岸國家，因為瑞典人喜歡在那個季節南下旅遊，結果共有 3,000 多人死亡和失蹤。當時受海嘯衝擊最大的，恰恰是趨海而建的度假設施。

隨著船舶技術的提升，郵輪旅遊也在迅速發展。由於郵輪體量龐大，可以容納數千旅客，還擁有劇場等各種娛樂設施，郵輪本身就是旅遊目標。很多人購買船票，只是為了享受乘坐郵輪的過程。

巨型郵輪不光在裝修上下功夫，其本身也有極高的技術成分。這些大傢伙往往超過「福特號」航空母艦，但是高度自動化，僅需兩個人就能駕駛。巨型郵輪沒有錨，而是靠水力噴射引擎，並透過 GPS 定位來維持船體狀態。

雖然新冠肺炎疫情對郵輪經濟帶來沉重打擊，但也會促進它進一步提升技術，最重要的就是改造中央空調，增加過濾或者殺死病毒的功能。

展望將來，「自由之舟」可能是郵輪經濟的一座高峰。這座設計中的巨輪長達 1,317 公尺，寬 225 公尺，高 107 公尺，擁有 33,000 間客房，光是遊客就能住 5 萬人，再加上工作人員，人口數量已經相當於一座小型城市，接近超大型浮體的概念。

當然，「自由之舟」的造價也很高，約需要 100 億美元，幾乎相當於一個航空母艦編隊的建造費用。由於門檻太高，現在還沒人正式投資。但是隨著有生活積蓄的人越來越多，

類似的超大型郵輪將會泛舟大洋。人們也不再只是上船住幾天，而是租住房間，長年生活。

海洋奧運會

2008 年的奧運會在哪裡舉辦的？

這可不是一道送分題。除了北京，還有 5 個城市承辦了該屆奧運會某個或某幾個項目的比賽。其中帆船比賽就設在青島，那裡也是該屆奧運會唯一的海洋賽場。

現代體育發展至今，需要在海上進行的項目越來越多，長距離游泳就是一項。在著名的鐵人三項中，要求運動員游 4 千公尺。由於要和跑步、自行車銜接，游泳場地通常設在河流或者海洋上。

除了正規比賽，還有人在海洋上進行極限游泳。2018 年，英國人羅斯·埃德利（Ross Edgley）用 74 天游了 1,600 公里！這期間他只在救生船上休息，每天游 6 個小時。

中國鐵人三項運動協會主席張健以橫渡海峽著名，他曾經橫渡過瓊州海峽和英吉利海峽。花 50 多個小時橫渡渤海海峽後，張健創造了男子橫渡海峽最長距離的世界紀錄。

今天，人們在旅遊景點可以由專業人員協助體驗浮潛，其實潛水也是一類競技體育項目。2019 年，中國潛水運動員陸文婕首次參加自由潛水世界錦標賽就拿了 6 塊金牌。她還創造過靜態閉氣女子國家紀錄，時間是驚人的 8 分 1 秒！

衝浪必須有海浪，只能在海面上進行。衝浪比賽不僅有我們熟悉的技巧項目，還有耐力項目。1986 年，兩名法國運動員居然依靠衝浪板橫渡了大西洋。國際奧林匹克委員會已經將衝浪列為 2024 年巴黎奧運會的正式比賽項目。

帆船作為古老的航具，現在主要被用於體育活動。1900 年舉辦的第二屆奧運會就有帆船比賽，包括龍骨船等各種船型。摩托艇雖然誕生時間不長，但其發展很快，尤其發展出了很多比賽項目。早在 1903 年，美國就產生了動力艇協會來舉辦比賽。1981 年，中國也加入了國際摩托艇聯合會，並且在摩托艇世界錦標賽中拿過 3 次亞軍。

相對於陸地上的比賽，海上比賽還比較冷門，而且略顯專業，其中的大部分沒有成為奧運會的正規賽事。不過，奧運會比賽項目也在不斷變化，當海洋競技環境升級後，海上體育將會出現越來越多的項目。甚至，跳水、水球之類的項目也可以在海上進行。

最終，我們會期待出現規模不亞於陸地奧運會的另一個體育盛會，那就是海洋奧運會。未來甚至會出現以體育為主題的大型比賽專用浮城，內設各種場館，配備港口和停機坪，方便遊客與運動員往來。

隨著技術進步，海洋競技還會從海面發展到深海。當深海飛機技術成熟後，這種易於競速的交通工具也會被用於比賽。如果在洋底複雜地形上舉行比賽，還會成為大洋深處的

「巴黎達卡拉力賽」——一種以路途的驚險和艱苦為特徵的長距離汽車賽事。

海上的法律

中國電影《動物世界》將背景置於公海的輪船上，在那裡，人們參加以命相搏的遊戲。在電影《鋼鐵墳墓》（*Escape Plan*）裡，背景是公海上的一所非法監獄。電影《瘋狂亞洲富豪》（*Crazy Rich Asians*）中，富人們在公海上舉辦聚會，甚至可以發射火箭彈來助興。

公海在人們心目中彷彿就是無法無天之地。國外甚至有人設計出「海洋宅地計畫」，要在公海上建立漂浮定居點，住在那裡的居民可以逃避各國法律，成為各國逃犯的天堂。

1967 年，英國人貝茨（Bates）帶著親信占領了距離英國本土 10 公里遠的一座廢棄人工堡壘，聲稱建立「西蘭公國」。後來，歐洲有人出售「西蘭公國」護照，據稱發行了 15 萬本，購買者不乏謀殺罪的通緝犯。雖然沒有任何國家承認「西蘭公國」，但此地的存在確實引發了不少法律問題。

隨著人類向大海進軍，海上的經濟活動和社會活動會大量增加，公海也不再會成為法外之地。

在國家層面，海洋上最大的法律當屬《聯合國海洋法公約》。1962 年，一場差點爆發的「龍蝦戰爭」促使了該公約的制定。當年，法國漁船到巴西大陸架海域捕撈龍蝦，巴西

則申明「100 海里專屬經濟區」的概念，並予以抵制。雙方不斷派更多的軍艦進行對峙，最嚴重的時候，法國派出航空母艦，巴西則準備攻擊法屬圭亞那。

戰爭沒打起來，但引發各國重視海洋資源的立法問題。在這之前，人類對海洋資源的開發有限，海洋領域的公約主要針對軍事安全，要把他國船隻限制在艦炮射程之外。《聯合國海洋法公約》則對內水、領海、臨界海域、大陸架、專屬經濟區和公海都做了界定，是人類在海洋上的根本大法。中國也是該公約的簽約國。

國際海底管理局根據該公約設立，辦公地點在牙買加，專門處理深海礦產的申請和區劃。中國以最大投資國的身分，加入該局的 B 組。從那時起，該局已經劃了 5 個專屬勘探區給中國，分布在太平洋和印度洋，總面積達 23 萬平方公里。中國是全球獲得專屬勘探區面積最大的國家。

這些都還是針對政府行為的國際法。在打擊犯罪方面，《聯合國海洋法公約》規定，任何國家都可以對從事海盜、販奴或販毒的船隻進行扣押，對犯罪人員進行逮捕。也就是說，公海上的犯罪行為不是沒人能管，而是人人可管，只不過對於一些開發中國家來說，由於缺乏執法能力，無法管理本國附近的公海。

最典型的地方就是索馬利亞，由於該國常年處於無政府狀態，治理不了以本國為基地的海盜。世界上，包括中國在

內的許多國家都在索馬利亞附近的公海上駐留海軍，搜捕海盜，也正是依據了《聯合國海洋法公約》。

　　船舶在公海上只服從國際法和船旗國的法律。以前船舶體量小，續航能力低，基本是海上過客，這一點還不重要。今後會出現體量龐大並且常駐公海的浮城，成千上萬的人居住在上面，會出現複雜的法律問題，船旗國管轄原則會更為重要。

緬懷海洋的過去

　　以中國東南沿海為中心，全球 45 個國家和地區共有 3 億多人信仰媽祖，總共建成有上萬座媽祖廟。他們所敬仰的對象並非一個神，而是真實存在過的人。在這位名叫林默的歷史人物身上，記錄著人類闖蕩海洋的歷史。正是這段歷史運載著媽祖文明，擴散到世界各地。

　　媽祖並非因戰爭和征服而成名，她的全部功績便是救助海難船員。1980 年，聯合國還把林默命名為「和平女神」。這種信仰突出了海洋文化鮮為人知的一面。茫茫大洋上，人與大自然的搏鬥成為主場景，至於人與人之間，更多的是互相關心、互相幫助。

　　節日是文化的重要組成部分。每逢節假日，相關的旅遊、會展、演出等文化活動就會集中進行。要建設海洋文化，節日也是一類重要的載體。在媽祖誕辰日和逝世日，人

們會聚集起來，間接紀念人類航海的歷史。現在，人類有了更多的海洋節日，來紀念我們與「藍半球」的結合。

2005 年，中國將每年的 7 月 11 日確立為「中國航海日」，用來紀念西元 1405 年鄭和船隊第一次下西洋。每年 6 月，浙江岱山還會承辦中國海洋文化節，舉辦為期一個月的活動。

在美國，每年的 5 月 22 日是「國家航海節」，以紀念西元 1819 年美國蒸汽機船「薩瓦那號」在這一天出發前往大西洋。這是機械動力船第一次成功橫渡大西洋。

四面環海的日本，在 1996 年確定了自己的海洋日。幾經變化，現在定為每年 7 月的第三個星期一。每年的這一天，日本都要舉辦大規模的海產交易會。除此之外，西班牙、印度、英國等都有自己的航海節日。

世界上最重要的海洋節日，莫過於「世界海洋日」。不過它被確定下來的時間很晚，直到 2009 年，第 63 屆聯合國大會才把每年的 6 月 8 日定為「世界海洋日」。這似乎也符合人類「先陸後海」的文明發展順序。

每到這一天，聯合國便會組織各成員國宣傳人類與海洋的關係，既指出海洋是機遇和挑戰，又指出人類對海洋的責任。2010 年，中國把「海洋宣傳日」與「世界海洋日」合併，年年舉辦慶祝和宣傳活動。

另外一個與海有關的節日是每年的 3 月 17 日，稱為「世

界海事日」。這一天是《國際海事組織公約》（*Convention on the International Maritime Organization*）的生效日。1958 年 3 月 17 日該公約正式生效，海洋自此有了真正的法典。

　　由於人類主體仍然生活在陸地上，海洋經濟占比也不高，這些海洋節日多半會舉辦成商業交易會或者宣傳日。當代還沒有哪個重大海洋事件像媽祖那樣因為被人們自發紀念而成為節日的。但是，隨著人類逐漸深入海洋，相信這天的到來不會太晚。

書寫海洋的今天

　　中國海洋大學是中國國內海洋科技的最高學府，它還有一個專業出版社。2016 年，中國海洋出版社邀請筆者參加了一次會議，主題既不是海洋科技，也不是海洋科普，而是海洋文化。與會者除了來自出版社所在地青島，還有來自大連等海洋城市的，既有登陸南北極點的科學家，也有電視臺的著名編導。

　　後來筆者才知道，這家出版社力推海洋文化，還出版過一套《中國海洋文化史長編》，收錄了從先秦到近代的各種海洋文化作品。可惜，在以陸地文化為主導的現在，只有幾個沿海城市專注於海洋文化。

　　在中國，有些作家已經開始書寫海洋。與書寫陸地的作家相比，他們一開始就與科技相結合，因為人與海的歷史，

就是一部科技發展史。

　　青島作家許晨是中國國內海洋文學的扛鼎者，以海洋三部曲著稱，分別是《第四極——中國「蛟龍號」挑戰深海》、《一個男人的海洋》和《耕海探洋》。他曾經登上「科學號」考察船前往西太平洋深處，在海洋研究第一線體驗生活。他的作品獲得過魯迅文學獎和冰心散文獎，海洋文學從此攀上中國文學的最高獎項。透過許晨之筆，人們了解到當代航海家郭川的全球冒險之旅，了解到海洋科學家嚴謹求實、團結合作、拚搏奉獻的精神世界。

　　張靜也是青島作家，長期工作在海洋科學考察第一線。她創作的長篇小說《眷戀藍土》，背景從 1950 年代到 20 世紀末，描寫了三代海洋科學研究人員深耕藍色領土的成績。張靜還是一位以海洋題材見長的科幻作家。

　　海南兒童文學研究會會長趙長發也是海洋文學的耕耘者，重點創作海洋童話。2011 年，他在廣東參加「南國書香節」，發現市場上幾乎找不到能推薦給孩子的海洋題材作品，便決定親力親為。他透過《海鬣蜥安迪》、《椰子蟹偵探》和《回家吧！海鷗》等作品力圖向孩子們傳達海洋保護意識，讓下一代能用生態眼光看待海洋。

　　趙長發已經出版了 16 部海洋童話，被稱為「中國海洋童話第一人」。來自山東的主流作家張煒也創作過不少海洋童話，受到讀者好評。

　　岱山是浙江省一個海島縣，2010 年創辦了「岱山杯」海洋文學大賽，一直堅持到今天，成為海洋文學界最出名的獎項。威海、青島、大連等地，也舉行過類似的海洋文學活動。

　　如今，大力推廣海洋文學的都是濱海城市，但還沒有哪部海洋文學作品成為暢銷書。除了許晨的《第四極 —— 中國「蛟龍號」挑戰深海》獲得了魯迅文學獎，其他文學作品還沒有獲得過全國性的大獎。這與中國海洋科技和海洋經濟蓬勃發展的現狀並不相符。當然，問題就是成長點，中國缺乏海洋文學，它也可能就是下一個創作焦點。

暢想海洋的未來

　　2002 年，筆者拜訪青島作家張靜老師，獲贈一本科幻小說《尋父探險記》。拿回家後，4 歲的兒子如獲至寶，翻來覆去讀了很多遍。

　　這是一本海洋題材的科幻作品，描寫了高中女生澎澎如何尋找身為海洋科學家的父親。或許是由於海洋始終戴著神祕面紗，科幻中的海洋題材多於現實文學。

　　海洋科幻的源頭要追溯到凡爾納的《海底兩萬里》，嶄新的海底世界第一次呈現在讀者面前。主角尼莫船長建造的「鸚鵡螺號」潛艇，不僅是一艘航行工具，更是完整的深海資源加工廠。

在開發海洋方面，別利亞耶夫（Beliaev）的《種海人》（*The Underwater Farmers*）也值得一提。小說的主要人物在淺海區建立海下住宅，種植海藻。在開發海底資源的細節上，這部小說更接近當時的技術環境，甚至引用了同時代的海洋開發資料。

國外科幻電影更是鍾愛海洋。1977 年，007 系列電影就推出了《007：海底城》，讓航運巨擘斯通伯格成為大反派。他在電影裡有句臺詞：「地球表面還有十分之七沒有被探索，人類卻想著去探索太空」，充分點出了開發海洋的重要意義。

卡麥隆於 1980 年代末期拍攝的《無底洞》，把視線集中到深海，將核子潛艇、石油勘測船和潛水器之類的海洋利器帶到人們眼前。電影突出展現了深海環境的特點 —— 狹小、與世隔絕、高水壓、隨時走在生命的邊緣。電影《地動天驚》（*Sphere*）也是深海題材的代表，改編自克萊頓（Michael Crichton）的同名科幻小說。電影的大部分情節發生在深海。電影還用一本《海底兩萬里》作道具，向凡爾納這位海洋科幻的開山祖師致敬。在電影《深海攔截大海怪》（*Deep Rising*）裡，大王烏賊被虛構成郵輪般大小的海怪，擁有數不清的吸管和猙獰的巨眼。雖然牠凶惡無比，但完全符合大王烏賊的生理特徵。至於前幾年上映的根據漫畫改編而來的電影《水行俠》（*Aquaman*），可謂集海洋文化之大成，拍成了深海裡的《星際大戰》（*Star Wars*）。

　　暢想神祕海洋文明的科幻作品也有很多。美國作家迪克森（Dickson）在作品中，讓人類學習海豚的生活方式，從而理解海豚的語言。蘇聯作家甘索夫斯基（Sever Gansovsky）在小說中，描寫了一種海底怪物，牠由一種細小的海洋動物聚合而成龐大的身軀，連鯊魚也不是牠的對手。

　　中國主流作家不擅長寫海洋，但是主流的科幻作家卻並非如此。香港作家黃易寫過《浮沉之主》，倪匡也在衛斯理系列中寫過很多海洋題材的故事。風保臣在《深海恐光》中描寫了 800 萬年前的森林古猿進入海洋，演變成海猿，從此形成了深海文明。在《海底尋親》中，趙丹涯想像海猿在幾十萬年前就發展出文明，依靠溫差發電等技術滿足基本生活需求。阮帆在長篇科幻小說《暗流洶湧》裡，更是把海底人設想為進化的水母。

　　此外，中國科幻作家還創作有《海底捕獵》、《海底記憶》、《驚濤駭浪》、《西北航線》等作品。海洋的未來還會在科幻世界裡繼續書寫下去。

▎「海人」的文明

　　筆者對海洋最初的興趣來自三叔 ── 一名遠洋貨輪上的海員。想當年，外國人還被稱作「外賓」，出現在中國城市的街道上時會被圍觀。那時三叔就經常隨船遠航，一去幾個月到半年，回來後就跟我講各國見聞。

除了他講的故事，我更能感受到三叔那種包容的性格。這讓我有種直覺：在海上生活的人，比我們這些待在一畝三分地上的陸地人，視野更開闊，心胸更寬廣。

　　名著《海底兩萬里》中，尼莫船長講了一句話：「地球上需要的不是什麼新大陸，而是新人！」這句話畫龍點睛，卻一直被人們所忽視。凡爾納是想描寫一種完全不同於陸地上的文化特質。那時的歐洲剛從小農社會向現代工業文明轉化，在傳統文化的影響下，大部分人視野狹隘。尼莫船長也正是因為反抗殖民統治才棄陸入海，並且在海洋裡支持弱小民族的獨立戰爭。

　　越來越多的人把命運與海洋相連在一起，一種全新的文明將在海岸線上甚至大洋深處誕生。他們首先是尊重科學的族群。在每個時代，航海都集中了當時最先進的科技成果，很多海洋工作職位完全是技術進步的結果。

　　終日置身大洋之上的海員，他們心胸寬廣，思維開闊，與守在土地上的人完全不同。他們見多識廣，觀察世界時更客觀。

　　海洋生產力從一開始就高於陸地，當海洋科技登上新臺階後，這種差距會越發明顯。倉廩實而知禮節，海員族群中將培養出更高道德水準的人，他們將最好的發展路徑定位於進取，而不是爭奪。

　　因為要與不同人群打交道，海員是最早意識到全球化到

來的族群。茫茫大洋上，人與人的區別會變得很小，大家會由衷的感覺到人類是一個群體。遇到海難時，任何國家的船隻都會展開救援。在一個個港口上，海員們頻繁接觸異域文明，養成了尊重和包容的習慣。此外，海員身上具有的冒險性和主動性，也是小農社會的居民所不具備的。

　　海洋將是和平的基礎。確實，人類對陸地的爭奪也蔓延到了海洋，全球有 380 多處存在爭議的海域，但主要位於陸地周邊海域。由於目前大部分海洋收益都從這裡產生，所以人們對它們的爭奪會十分激烈。然而，當公海經濟、區域經濟成為主導，各國都可以參股進行公海資源開發時，近海資源的爭奪就會下降，合作共贏將從一開始就是公海資源開發的基調。

　　一個世紀後，一代新人將從海洋中誕生，陸地會變得前所未有的狹小。太空時代開啟之前，人類會首先進入海洋時代。

電子書購買

爽讀 APP

國家圖書館出版品預行編目資料

蔚藍金融！跨越海岸線，走向未來海洋開發：海
洋石油 × 洋流發電 × 濱海砂礦 × 遠島開發，
從古老文明到現代技術，尋找埋藏的藍色資源與
機會 / 鄭軍 著 . -- 第一版 . -- 臺北市：崧燁文化
事業有限公司 , 2023.11
面；　公分
POD 版
ISBN 978-626-357-829-6(平裝)
1.CST: 海洋開發 2.CST: 海洋資源
351.924　112018243

蔚藍金融！跨越海岸線，走向未來海洋開發：海洋石油 × 洋流發電 × 濱海砂礦 × 遠島開發，從古老文明到現代技術，尋找埋藏的藍色資源與機會

臉書

作　　　者：鄭軍
發 行 人：黃振庭
出 版 者：崧燁文化事業有限公司
發 行 者：崧燁文化事業有限公司
E - m a i l：sonbookservice@gmail.com
粉 絲 頁：https://www.facebook.com/sonbookss/
網　　　址：https://sonbook.net/
地　　　址：台北市中正區重慶南路一段六十一號八樓 815 室
Rm. 815, 8F., No.61, Sec. 1, Chongqing S. Rd., Zhongzheng Dist., Taipei City 100,
Taiwan
電　　　話：(02) 2370-3310　　傳　　　真：(02) 2388-1990
印　　　刷：京峯數位服務有限公司
律 師 顧 問：廣華律師事務所 張珮琦律師

定　　　價：320 元
發行日期：2023 年 11 月第一版
◎本書以 POD 印製
Design Assets from Freepik.com